水ビジネスの戦略とビジョン
日本の進むべき道

服部聡之 著

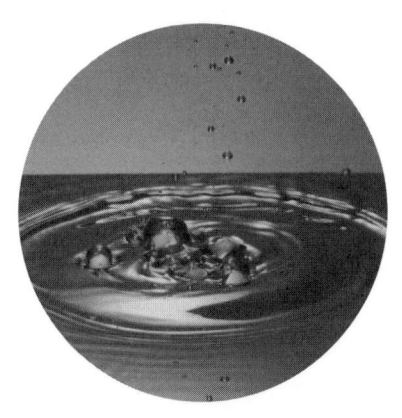

丸善出版

はじめに

　前著『水ビジネスの現状と展望—水メジャーの戦略・日本としての課題』を上梓してから1年経つが，この間に日本および世界の水ビジネス環境は大きく変化している。

　国内では，すでに一部で始まっていた民間企業の海外進出への取り組みを支援するため，国土交通省，厚生労働省，経済産業省が協力して，「海外水インフラPPP協議会」を2010年7月に発足させた。官民による情報の共有，交換を目的として，民間企業（約140社），環境省，外務省，総務省，自治体，関係機関など約190団体により構成されている。

　さらに，新たな動向として海外進出を狙う地方自治体も現れている。

　そもそもわが国の上下水道分野においては，建設需要の減少により民間企業は非常に厳しい経営状況下に置かれている。赤字転落，倒産，廃業なども現れている。それら民間企業が，生き残りを賭けて海外に活路を見出そうと検討を始めた機に合わせ，地方自治体も海外進出をしようというのである。本格的なものからとりあえず検討を始めたという段階までさまざまに見受けられる。今後さらに同様の動きが広まり，一斉に海外視察が始まる事態もありうる。

　水分野ではないが，別の分野において，かつてこんな話がまことしやかに聞かれた。わが国から続々と訪れる視察団に対応するため，海外機関において「日本視察団対応ビデオ」なるものが用意されたというのである。日本から異なる組織が次々とやってきては，類似の質問をしてくることに対応して，説明用ビデオをつくったというのである。さらに，言葉の壁がある日本人向けに，書き物としてパンフレットを用意したところ非常に好評であったので，毎回「ビデオ」，「パンフレット」，「記念撮影用の笑顔が得意なスタッフ」の3点セットで同じように対応したという笑えない話だ。

海外に目を移すと，水メジャーの国，フランスやイギリスに加えて，シンガポールや韓国も国を挙げて水ビジネス戦略を推進している。

わが国でも，ようやく政府が「パッケージ型インフラ海外展開」を「新成長戦略」の重要テーマの一つとして掲げ取り組み始めた。

官・公・民が一斉に海外市場を目指すという意味において，メディアは「官民連携」とよんでいる。国際的に伸展している「官民パートナーシップ（public private partnership：PPP）」とは，官の業務を「民間開放」し，民間の資本および技術を活用してサービスを提供する手法のことをいう。わが国の取組みは，そうした「官民パートナーシップ」とは本質的に異なるものである。国内の民間開放は道半ばであるが，それに先駆けて，海外市場に官・公・民が連携して進出しようという動きである。この先，わが国の官民パートナーシップはどのような方向に向かうのだろうか。

地方自治体による海外進出に関するメディア報道を「市民目線」でみれば，「日本の水道技術は世界一」であり頼もしくみえる。

しかし同時に，多くの人は以下の疑問も抱くに違いない。

―国内受注の経験もなしに，いきなり海外進出ができるのか？
―日本は技術力がありそうだが，コストも高いのではないか？
―お役所的高コスト体質で，海外（途上国）に進出して採算が合うのか？
―海外進出もよいが，国内事業の効率化が先ではないか？
―赤字が発生したらだれが負担するのか？（国民は税金を投入することは許さない）

こうした疑問に対して，今までのところ正面からの検討や回答は見つからない。なぜか―

それは戦後，わが国の上下水道事業は，地方自治体を中心として長年にわたり発展を遂げ，今日「日本の水道は世界一」と高らかに誇る地位を築いてきたからである。つまり水道産業は，「国」および事業主体である「地方自治体」を頂点に，地方自治体からの委託により施設設計・建設を請け負う「上下水道コンサルタント」，施設設計・建設を行う「建設・エンジニアリング会社」，そしてそれら

を支える「素材，薬品，機械部品製造会社，人材派遣会社」などが階層構造となり一つの産業を形成している。国内市場はすでに飽和に達しているという意味において陰りがみえるが，巨大産業であることは変わりない。そこで働く多くの人々の生活基盤となり，多くの既得権も発生している。したがって，この構造をそのまま海外に展開することが是であり，逆にこの構造に変革を求めることは，これまで上下水道産業を支えてきた多くの人たちにとって痛みを伴う，いわば水道業界のタブーであるからだ。

　しかし，果たして，それで問題はないのか。

　わが国の水道産業は「建設の時代から，維持管理の時代」に変わりつつある。わが国近代水道の手本となったイギリスやフランスにおいては，建設および維持管理における事業一体運営において民間企業の役割が大きく，そうした国の「水メジャー」とよばれる企業が世界の水道民営化市場を席巻している。また，韓国やシンガポールの企業も，国策による支援をバックに，世界の水ビジネス市場への進出をすでに始めている。そうしたなか，わが「チーム水・日本」は，いかなる「ビジョンと戦略」をもって立ち向かうのか。

　筆者は水メジャーとよばれるヴェオリア・ウォーターの日本法人に勤務し，世界の水道事業のあり方について多くのことを学ぶ機会を得た。約1年前に上梓した小著『水ビジネスの現状と展望』においては，基礎編ともいうべき，上下水道事業の現状を俯瞰するために世界の制度，技術，歴史などについての「解説」に主眼をおいた。よって，わが国の水道界に対して「ビジネス」という観点から疑問に思う点や問題点については，多少は指摘もしたが，「こうしては如何か」という「提案」に力点を置かなかった。

　本書においては，各国の水ビジネスのビジョンと戦略についての分析に基づき，今後の日本が目指すべきビジョンと戦略について，著者なりの提案を行うために筆をとった次第である。センシティブな問題であるわが国の水道民営化についてもあえて触れ，早期に国をあげた検討が進むことを期待するものである。

　また，現在の「チーム水・日本」がおかれている状況を，上下水道関係者および広く一般の方々にもご理解いただくため，水ビジネスにおける欧州先進国であるイギリス，フランス，スペイン，急進国であるシンガポール，韓国，さらには

脚光を浴びるアジアの途上国であるマレーシア，タイ，インドネシア，フィリピン，ベトナムなどに関して，前著に加えて客観的なデータや情報を追加した。

　カマスという魚は，あるときガラスの仕切り板を入れて水槽を半分に分けると，はじめはそれぞれ反対側に行こうとする。が，何度も頭をガラス板にぶつけているうち，遂には反対側に行くことを諦めてしまう。その後，ガラスの仕切り板を取り除いても反対側に泳いで行かないそうだ。そこへ，別の水槽からもってきた新しいカマスを1匹入れると，普通に反対側に泳いで行く。それをみて，水槽内のカマスたちも再び自由に水槽内を泳ぎ始めるという。この本が，「1匹のカマス」的な役割を果たし，わが国の水ビジネスの発展に新たな視点や議題を提供できれば幸いである。

　2011年　早春

　　　　　　　　　　　　　　　　　　　　　　　　　　服　部　聡　之

目　次

1　拡大する水ビジネス―官民パートナーシップ（PPP）の進展が背景 …………………………………………………………… 1

1.1　官民パートナーシップ（PPP）の歴史と現状 …………………… 1
　1.1.1　PFI から PPP へ（1）
　1.1.2　世界水フォーラムによる「世界水ビジョン」発表（2）
　1.1.3　国際金融機関による途上国における水道民営化支援（5）
　1.1.4　水ビジネスのグローバル展開を俯瞰する（7）
1.2　世界の水ビジネス市場規模およびその構成推計 ………………… 9

2　先行する世界各国の水ビジネス戦略 ……………………………… 15

2.1　イギリスの水ビジネス戦略―完全民営化による国際展開 ……… 15
　2.1.1　民営化後の潮流―「吸収合併」,「経営多角化」,「グローバリゼーション」（15）
　2.1.2　民営化後, 消費者に対するサービスは向上（19）
2.2　フランスの水ビジネス戦略― 150 年の PPP 経験を武器にグローバル展開 ……………………………………………………………… 33
　2.2.1　フランス国内における PPP 推進―民間 3 社による寡占市場（34）
　2.2.2　民間 3 社のグローバル戦略（35）
　2.2.3　フランス水メジャーの収益構造, 地域ポートフォリオ（38）
　2.2.4　フランス国内における寡占化の弊害（40）
　2.2.5　巨大すぎる民間水道会社―海外からの買収を阻止せざるを得ないフランス政府（43）

2.2.6　フランス国内における競争促進の動き（45）
  2.3　スペインの水ビジネス戦略——フランスの影響を受けつつ，
      民営化が進む ………………………………………………………… 48
    2.3.1　流域単位の水資源管理が導入される（50）
    2.3.2　干ばつ対策，海水淡水化を進める（50）
    2.3.3　進む PPP——大手民間企業による海外進出（51）
  2.4　新たな勢力——巨大グローバル企業 ………………………………… 53

3　急速に力をつけるアジアの国々と企業の戦略 …………………… 57

  3.1　シンガポール共和国——国を挙げて水産業育成に取り組む ……… 57
    3.1.1　概　要（57）
    3.1.2　マレーシアへの依存からの脱却——「四つの蛇口（Four
          National Tap)」戦略（59）
    3.1.3　シンガポールの水道料金（61）
    3.1.4　国家戦略「グローバル・ハイドロ・ハブ構想」（65）
    3.1.5　急成長を遂げる企業「ハイフラックス」（67）
  3.2　大韓民国（韓国）——通貨危機後外資受け入れを梃子に産業育成，
      国策により民間企業を育成 ………………………………………… 72
    3.2.1　政府主導による「水産業育成戦略」（72）
    3.2.2　韓国水資源公社（K-Water）（73）
    3.2.3　斗山重工業（73）
    3.2.4　環境施設管理会社（EFMC）（77）

4　日本の水ビジネス戦略 ……………………………………………… 79

  4.1　最大の鍵を握る地方自治体 …………………………………………… 80
    4.1.1　遅々として進まない水道分野の民間開放——問題は
          どこにあるのか（80）

4.1.2 【提言 1】 規制緩和と強制・罰則型規制の併用による PPP
　　　　　　の推進（87）
　4.2 地方自治体による海外事業進出に関する考察 ································ 88
　　　4.2.1 ODA の一環としての活動（主として二国間援助・技術協力）（89）
　　　4.2.2 自治体自身による事業進出（監理団体，出資会社を含む）（90）
　　　4.2.3 【提言 2】 民間企業の海外進出に対する積極支援（96）
　4.3 【提言 3】 上下水道経営における第三者評価の導入 ······················ 96
　4.4 【提言 4】 「漏水率信仰」からの脱却 ·· 99
　4.5 【提言 5】 諸外国に学ぶ規制主体と事業主体の完全分離 ·············· 100
　4.6 【提言 6】 企業再編による体力強化 ·· 101
　4.7 M&A—業務提携を超えた合併買収が必然的流れ ·························· 104
　　　4.7.1 これまでの M&A ブーム（104）
　　　4.7.2 今後，日本の水ビジネスにおいて起こりうる M&A（106）
　4.8 【提言 7】 国をあげての民営化の検討（広域化と上下水道一体経営
　　　　　　も含む）··· 107

5 ODA を活かせ—水と衛生分野における政府開発援助 ········· 115

　5.1 政府開発援助（ODA）··· 115
　　　5.1.1 政府開発援助（ODA）とは（115）
　　　5.1.2 ODA に占める日本の位置付け（116）
　5.2 水と衛生分野における ODA—世界のトップドナー日本 ················· 117
　5.3 求められる ODA の有効活用 ··· 120

6 拡大するアジアの水需要を取り込め ································ 127

　6.1 ビジネスが期待される市場の要素 ·· 129
　6.2 マレーシア—民営化を梃子に上下水道施設整備を進める ·············· 131
　　　6.2.1 国の基礎情報（131）
　　　6.2.2 マレーシアの水・環境政策（132）

  6.2.3　マレーシアの上下水道事業者（133）
  6.2.4　マレーシア水ビジネスの主たる事業者（134）
  6.2.5　マレーシア水ビジネスにおける今後の重要課題（135）
 6.3　タイ王国―上下水道分野のPPP導入が進む今後の政情安定が鍵を握る ………………………………………………………………136
  6.3.1　国の基礎情報（136）
  6.3.2　タイの水・環境政策（138）
  6.3.3　タイ水ビジネスの主たる事業者（141）
  6.3.4　タイ水ビジネスにおける今後の重要課題（142）
 6.4　インドネシア共和国―経済成長著しい東南アジア最大市場…………143
  6.4.1　国の基礎情報（143）
  6.4.2　インドネシアの水・環境政策（144）
  6.4.3　インドネシア水道PPPの象徴―ジャカルタ水道民営化プロジェクト（148）
  6.4.4　インドネシア水事業の主たる事業者（150）
  6.4.5　インドネシア水ビジネスにおける今後の重要課題（151）
 6.5　フィリピン共和国―PPPによりインフラ整備が急速に進む…………152
  6.5.1　国の基礎情報（152）
  6.5.2　フィリピンの水・環境政策（153）
  6.5.3　フィリピン水ビジネスの主たる事業者（155）
  6.5.4　フィリピン水ビジネスにおける今後の重要課題（157）
 6.6　ベトナム社会主義共和国………………………………………………158
  6.6.1　国の基礎情報（158）
  6.6.2　ベトナムの水・環境政策（160）
  6.6.3　ベトナム水事業の主たる事業者（162）
  6.6.4　ベトナム水ビジネスにおける今後の重要課題（162）

参 考 文 献 ………………………………………………………………165
参 考 書 ……………………………………………………………………168
エピローグ―2040年のわが国の水ビジネス・ビジョン ………………169

索　引 …………………………………………………………… 175

Topic

水ストレス ……………………………………………………………… 3
漏水率 1 桁はよいことか？―イギリスの経済的漏水レベル ELL に対する
　取り組み ……………………………………………………………… 31
フランス上下水道料金の現状 "Water Pays for Water" ……………… 41
フランスおよび各国の外資規制 ……………………………………… 47

1
拡大する水ビジネス―官民パートナーシップ（PPP）の進展が背景

1.1 官民パートナーシップ（PPP）の歴史と現状

1.1.1 PFIからPPPへ

　公益事業として長い歴史を有する「上下水道事業」が，一躍，「水ビジネス」として脚光を浴び出している。その背景にあるのは，官の仕事の一部に民の力を活用する「官民パートナーシップ（public private partnership：PPP）」の伸展だ。成長する途上国において，水道，下水道をはじめ，電力，鉄道，道路，港湾，電信電話などさまざまな分野において，インフラ開発整備を進める際のバックボーンとなっている。本書のはじめに脚光を浴びる水ビジネス分野におけるPPPの歴史を振り返ってみよう。

　PPPというコンセプトおよび言葉が広く使われるようになったのは，イギリスにおいて1990年頃からである。イギリスでは1970年代後半から，膨大な財政赤字と肥大化した行政組織の弊害と経済不振に悩まされていた。経済の復活と小さな政府の実現を公約とした保守党サッチャー政権は，1979年に発足すると直ちに大胆な行政改革に着手した。新自由主義の立場に基づき，電話会社（1984年），ガス会社（1986年），空港（1986年），航空会社（1987年），そして水道事業（1989年）などの各種国有企業の民営化を断行した。

　後任のメージャー首相もサッチャー前首相の構造改革を引き継ぎ，公共施設の建設や運営を民間に委ねる政策を打ち出し，1992年に「プライベート・ファイナンス・イニシアティブ（PFI）」とよばれる政策手法を実施した。PFIは公共サ

ービスの提供に際して公共施設が必要な場合に，民間資金を利用して民間企業に施設整備と公共サービスの提供を委ねる手法でありPPPの一形態である。そして1997年に労働党ブレア政権が発足すると，民間活力や市場メカニズムの活用により公共サービスの経営効率化を進める，より広い意味でのPPPが積極的に展開されるようになった。

一方，わが国では1997（平成9）年7月に「民間資金等の活用による公共施設等の整備等の促進に関する法律（通称PFI法）」が成立し，1999（平成11）年1月に施行された。また，2001（平成13）年4月に誕生した小泉内閣は，「構造改革なくして景気回復なし」をスローガンに，道路関係4公団・石油公団・住宅金融公庫など特殊法人を民営化するなど，小さな政府を目指して「官から民へ」の改革を進めた。さらに，2001（平成13）年10月に経済産業省・経済産業研究所が，市場メカニズムを活用した経済再生を目指して産官学の識者を集め「日本版PPP研究会」を発足させ，2002（平成14）年5月には，「日本版PPP（public private partnership：公共サービスの民間開放）の実現に向けて（中間とりまとめ）」という報告書を発表した。こうした一連の動向により，わが国でもPPPという言葉が定着した。

1.1.2 世界水フォーラムによる「世界水ビジョン」発表

国連開発計画（UNDP）が2006年11月に発表した「人間開発報告書2006（Human Development Report 2006）」は，今日，開発途上国で生活をする約11億人が水を十分に利用することができず，26億人が基本的な衛生設備を欠いた中で暮らしていると報告している。また，国連環境計画（UNEP）が，2007年10月に発表した「第4次地球環境概況（GEO-4）」では，1人あたりが使える淡水の量は，地球規模で減少しており，2025年までに18億人が水不足となり，世界人口の3分の2が日常生活に支障をきたす「水ストレス」（Topic参照）下におかれる恐れがあると警告している。

こうした水資源問題に関する懸念は，1970年頃から国際的に認識されるようになり，現在，国際的な議論に発展しているが，以下にその経緯を示す。

まず，1972年にスウェーデン・ストックホルムで行われた「国連人間環境会

議」に始まり，1977 年のアルゼンチン・マルデルプラタにおける「国連水会議」を経て，1992 年のアイルランド・ダブリンで行われた「水と環境に関する国際会議」において対応策が検討された。ダブリンにおいては，現在の水資源問題対策のベースとなる重要な「四つの原則（いわゆる「ダブリン原則」）」が採択された。

［原則 1］　水資源は限りある傷つきやすい資源であり，生命，開発，および環境を維持する基本的な資源である。
［原則 2］　水の開発と管理は，すべてのレベルにおける利用者，計画者，政策決定者の参画方式に基づくべきである。
［原則 3］　女性が水の供給，管理そして保全において中心的役割を果たす。
［原則 4］　水は経済的価値をもつものであり，「経済財」*として認識されるべきものである。

Topic　水ストレス

　自然界から供給される利用可能な水資源（淡水）を"100"と仮定した場合に，そのうちの"40"以上を日常的に使用する状況をいう。わかりやすく説明するために，「世界がもし 100 人の村だったら」にたとえてみる。100 人が住む村に池が一つあり，その池の水のうち 40％を日常的に使っている状況を想像してもらうとよい。もちろん，池には毎日，雨水や地下水からの供給がある。しかし，もしも何日間も雨が降らなかったり（旱魃），火災が発生したり（山火事），あるいは池に汚水が混入してしまうと（汚濁），すぐに日常生活に必要な水に窮してしまうことになる。そんな状況が「水ストレス」化で生活するという意味である。このままの状況で行くと，2025 年には世界の人口の 6〜7 割が，そうした水ストレス状況におかれるようになるというのである。恐ろしい状況だ。もちろん，そうならないように水資源を開発したり，節水や再利用により水利用を効率化したり，さらには汚濁の防止により水源保全などを進める努力が行われている。

　　＊　「経済財」とは需要に対して供給が無尽蔵にある「空気」や「太陽（光）」のような「自由財」に対して，供給に制限があるものをいう。

また,同 1992 年にブラジルのリオデジャネイロで開催された「環境と開発に関する国際連合会議(通称:地球サミット)」でも,水問題は議論された。

しかし,こうした国際的な議論も十分な成果を挙げるに至らなかったことから,政府,国際機関,学識者,企業および NGO によって,1996 年に世界水会議(World Water Council:WWC)が設立されるに至った。そして WWC の提唱により,21 世紀の国際社会における水問題の解決に向けた議論を深め,その重要性を広くアピールすることを目的として世界水フォーラム(World Water Forum:WWF)が,3 年に一度開催されることとなった。第 1 回大会は 1997 年にモロッコのマラケシュで行われ,その後,第 2 回大会は 2000 年にオランダのハーグ,第 3 回大会は 2003 年に日本の京都,第 4 回大会は 2007 年にメキシコシティ,そして第 5 回大会はトルコのイスタンブールで開催された。

第 2 回大会では,世界の水危機の解決への取り組むべき課題として,灌漑農業の拡大抑制,水の生産性向上,貯水量の増加,水資源管理制度の改革,流域における国際協力の強化,生態系機能の価値評価,技術革新の支援などを提案した「世界水ビジョン」が発表された。とりわけ注目されたのが,水の「フルコスト・プライシング」(あるいはフルコスト・リカバリーという言葉も使われてい

表 1.1 水資源問題に関するおもな国際会議

年	国際会議
1972 年	国連人間環境会議(スウェーデン・ストックホルム)
1977 年	国連水会議(アルゼンチン・マルデルプラタ)
1992 年	水と環境に関する国際会議(アイルランド・ダブリン)
1992 年	環境と開発に関する国際連合会議(通称:地球サミット)(ブラジル・リオデジャネイロ)
1995 年	気候変動枠組条約第 1 回締約国会議(COP1)
1996 年	世界水会議(World Water Council:WWC)設立
1997 年	世界水フォーラム(World Water Forum:WWF)開催(モロッコ・マラケシュ) 以後,2000 年(ハーグ),2003 年(京都),2007 年(メキシコシティ),2009 年(トルコ・イスタンブール)と,3 年に 1 度の頻度で世界水フォーラムが開催されている

る）による水資源の効率的配分の重要性が指摘されたことだ．

　「フルコスト・プライシング（full-cost pricing）」は，取水・貯水・処理・配水と，排水の収集と処理・処分に係る費用を，水の利用者が全額支払う制度と説明されている．この「フルコスト・プライシング」という考え方に対しては，貧困層が水を入手することを困難にし，生命を脅かすものとして強く非難するNGOも多く，大きな論争をよんでいる．

1.1.3　国際金融機関による途上国における水道民営化支援

　国連を中心とする水資源問題に関する警鐘に呼応して，世界銀行（WB），国際通貨基金（IMF），アジア開発銀行などの国際金融機関は，1980年代後半以降，PPPの導入により途上国のインフラ投資を積極的に行うようになった．わが国も政府開発援助（ODA）において，途上国の水道インフラ整備に対して多額の支援を行ってきたが，そのことについては第5章で詳しく述べる．

　1980年頃までは，途上国においては，電力，通信，交通，上下水道といった多くの公益事業は，国営の独占事業体によって担われていた．インフラ整備を急務とする国々では，国家主導による開発を進めることで目標が早期達成できるものと期待されたからだ．民間セクターは信頼に足らず，投資回収に長期間を要する大規模インフラ整備は政府が担うべきとされてきた．

　しかし，期待とは裏腹に，国営企業による公益事業の運営はサービスの質と効率が低く，途上国政府に予想外の財政負担をもたらした．1980年代に入ると，メキシコ（1982年），ブラジル（1987年）など中南米の国々が債務不履行に陥った．1980年後半には，長期的な経済成長のためには債務削減が不可欠となり，国営企業の資産売却が行われた．そして，経済成長に必要な環境整備のための融資を世界銀行から受けるとともに，PPPによる大規模インフラ整備が行われるようになった．

　東アジア，アフリカなどの途上国においても同様である．経済成長に必要なインフラを整備・運営するための資本と技術に関して，国および地方政府だけでは賄いきれない途上国においては，民間の資本と技術を導入することによって補完し，場合によってはインフラ整備の主軸としてきたのである．

　世界銀行が150の低所得・中所得国におけるプロジェクトデータを集計してい

表 1.2 民間参加による上下水道プロジェクト投資額

(単位:百万米ドル)

	東アジア・太平洋地区	ヨーロッパ・中央アジア	ラテンアメリカ・カリブ	中東・北アフリカ	南アジア	サブサハラアフリカ	合 計
1991	0	0	75	0	0	0	75
1992	284	0	0	0	0	0	284
1993	2,558	0	4,071	0	0	0	6,629
1994	821	0	525	0	0	0	1,346
1995	520	0	1,293	0	0	0	1,813
1996	149	942	192	0	0	20	1,304
1997	8,033	0	1,933	0	0	0	9,966
1998	943	108	1,276	0	0	0	2,327
1999	273	6	6,011	0	0	82	6,372
2000	4,064	288	2,845	0	0	31	7,229
2001	673	300	1,165	0	2	3	2,143
2002	934	51	604	0	0	0	1,589
2003	697	324	296	169	0	9	1,494
2004	3,367	241	1,133	0	111	0	4,852
2005	1,014	440	190	510	0	0	2,154
2006	1,572	711	713	0	0	0	2,996
2007	1,902	609	606	230	142	121	3,610
2008	974	369	807	874	76	0	3,100
合計	28,777	4,389	23,735	1,783	331	266	59,281

世界銀行「PPIデータベース」より。

る「PPIプロジェクトデータベース(Private Participation in Infrastructure Project Database)」によれば,1991年から2006年までの上下水道分野における民間参加プロジェクトの投資額の推移は表1.2のとおりである。

前述のPPIプロジェクトデータベースによれば,低所得・中所得国において1991年から2008年にかけて民営化(PPP)により実施されたプロジェクトは合計60ヵ国,662件に上る(表1.3)。上下水道事業においてPPPが広く普及していることを示すデータである。

以上がPPPの歴史と現状である。

長くなったので,もう一度おさらいのために,簡単に要約すると次のようになる。

表 1.3 民営化（PPP）により実施された上下水道プロジェクト件数

	東アジア・太平洋地区	ヨーロッパ・中央アジア	ラテンアメリカ・カリブ	中東・北アフリカ	南アジア	サブサハラアフリカ	合計件数
1991	0	0	1	0	0	1	2
1992	1	0	3	1	0	1	6
1993	3	1	6	0	0	1	11
1994	4	0	10	0	0	0	14
1995	4	0	10	0	0	1	15
1996	5	3	15	1	0	1	25
1997	14	0	22	0	0	0	36
1998	13	1	16	0	0	1	31
1999	8	1	21	2	0	5	37
2000	13	6	18	0	1	1	39
2001	13	5	16	0	1	4	39
2002	20	4	17	1	0	2	44
2003	26	9	7	1	0	1	44
2004	31	4	18	0	1	0	54
2005	45	6	6	4	1	1	63
2006	45	6	3	0	0	2	56
2007	62	3	6	3	5	2	81
2008	47	1	8	5	2	2	65
合計件数	354	50	203	18	11	26	662

世界銀行「PPI データベース」より。

1979年に発足したサッチャー政権は，肥大化し非効率となった行政組織を改革し，財政赤字を削減するために，次々と国有企業を民営化した。1992年に政権を引き継いだメージャー首相は，PFI 手法を開発しさらに行革を進め，その流れが PPP へと発展した。これと並行して，途上国においては，1980年以降，人口増大，都市化が進むなかで，成長に必要となるインフラが不足した。そして，その整備と運営に関して，国，地方行政において賄いきれない「資本」と「技術」を導入するために，PPP 手法により国内外の民間企業による資本と技術が導入されるようになった。途上国の成長に伴うインフラ需要は増大しており，今日その流れは勢いを増している。

1.1.4 水ビジネスのグローバル展開を俯瞰する

「水ビジネス」の中核となる PPP の伸展をグローバルな視点で俯瞰すると次の

ようになる。

　人口増大に伴い水資源の枯渇が問題視され始めたのは 1980 年頃からであるが，本格的な議論が始まったのは，1990 年代に入ってからといえる。1992 年の地球サミット，世界水会議などを通して，水問題の深刻化が明らかになった。と同時に，上下水道事業の運営に関して 150 年近い歴史をもつジェネラル・デゾー（現ヴェオリア・ウォーター），リヨネーズデゾー（現スエズ・エンバイロメント）などのフランス企業や，民営化により誕生したテムズ・ウォーターなど英国企業が，1990 年代に入ると本格的な国際展開を始めた。国際展開を後押ししたのは，債務問題を抱えた途上国に対する世界銀行の支援である。また，仏，英企業は，国際的に水道事業を展開するために必要な技術，ノウハウ，人材，営業ルートを確保するために，グローバルな規模で M&A を展開した。ヴェオリア・ウォーターによる US フィルターの買収や，スエズによるアメリカン・ウォーターなど，フランス企業の米国企業買収や，独 RWE による英国テムズ・ウォーター買収などがあった。

　2000 年に入ると，それまで水分野では目立った活動がなかった重電メーカーの米ゼネラル・エレクトリックや独シーメンスも，水ビジネスに照準を合わせ事業展開を始めた。いずれも長い歴史をもつ企業ではあるが，水ビジネスに関してはフランスの 2 社に大きく水をあけられた両社がとった戦略は，時間をお金で買う「M&A」だ。ゼネラル・エレクトリックは，RO 膜メーカーのオスモニクス（2003 年），海水淡水化装置を得意とするアイオニクス（2005 年），MF，UF，MBR とろ過膜に関する幅広いラインアップを有する加ゼノン・エンバイロメント（2006 年）を買収した。シーメンスも UF フィルター（2004 年）をヴェオリアから買収し，最近ではシンガポールの水処理エンジニアリング会社ケミトリートを 2008 年に買収し，着々と水ビジネスの体制を拡充している。

　こうした 1990 年から 2000 年代におけるグローバルな水ビジネス展開から遅れをとったわが国であるが，何もしてこなかったわけではない。民間企業，とくに商社を中心に積極的に海外展開を模索する動きがあった。丸紅は 1999 年にヴェオリア・ウォーター（当時ヴィヴェンディ・ウォーター）と組み，中国成都で浄水場の運営に乗り出した。また，国内でもヴェオリア・ウォーターと提携し，日

本ユーティリティー・マネジメントを設立し，事業展開を目指した。三菱商事は1997年にフィリピンのマニラで，現地企業および米英企業との合弁会社マニラ・ウォーターを設立して水道事業を展開した。国内では，日本ヘルス工業と合弁で2000年7月にジャパン・ウォーターを設立して事業を展開している。三井物産もテムズ・ウォーターと合弁で1993年にテムズ・ウォーター・ジャパンを設立し，2004年にはタイ・タップウォーター・サプライなどにも出資し，事業参画した。しかし，こうした商社各社による取組みも，こと日本国内の水ビジネスに関しては大きな進展をみないまま，2007年には三菱商事を除く各社は，合弁を解消するなどして日本市場からは撤退している。

日本国内においては，2002年4月に水道法が改正され，民間企業も水道事業に参入することが可能となった。これを機に2002年5月にヴェオリア・ウォーターが日本法人を設立し日本市場に参入すると，あたかも"黒船来襲"を受けたかのように，わが国全体に緊張が走った。一部例外を除き，わが国の水道業界は「外資に水道事業の参入は許すまい」と防御態勢を強めた。外資はおろか日本企業に対しても門戸は開かれず，結局，わが国の水道産業は海外進出するための実績・ノウハウの蓄積が遅れてしまった。こうした状況をみて「日本はガラパゴス化している」という人もいる。わが国の技術やサービスが国内市場で独自に発展したため，国際市場ではニーズに合わず，競争力を失ってしまっていることを揶揄している。

こうした状況に危機感をいだいた日本政府（故中川昭一元外務大臣や森義朗元内閣総理大臣）および水道産業は2009年に「チーム水・日本」を旗揚げしたが，この活動を支えてきた自民党が2009年8月の衆議院選挙で大敗し，民主党へと政権交代したことから求心力を失っている。政権についた民主党は「新成長戦略」を打ち出し，パッケージ型インフラ輸出を成長戦略の中核の一つに位置づけ，国を挙げて海外展開に力を入れている。これが現状である。

1.2 世界の水ビジネス市場規模およびその構成推計

ここでは，世界の水ビジネス市場規模およびその構成に関して述べる。

10　1　拡大する水ビジネス―官民パートナーシップ（PPP）の進展が背景

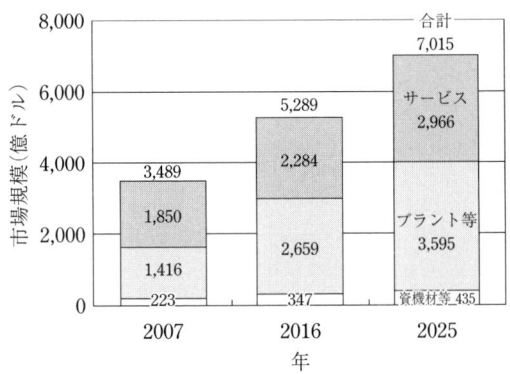

1. 資機材等とは，工業用水用化学薬品，工業用水機材，工業排水機材それぞれの費用の合計値。
2. プラント等とは，上下水の設備投資費の合計値。
3. サービスとは，上下水の運営費の合計値。
4. 2007年，2016年は資料に記載された値。
5. 2025年は2007年から2016年の年平均成長率を使って延長し試算した値。

資料：Global Water Intelligence「Global Water Market 2008」(2007)。
　　「通商白書2008年版」，第3章第4節の第3-4-7図を転載。

図 1.1　世界水市場規模の推移

　一言で「水ビジネス」といっても，定義は曖昧である。計画策定，施設建設に始まり，浄水場や終末処理場（下水処理場）などの施設運転・維持管理，水道メーター検針や料金徴収などの顧客サービス，水処理薬品や水処理膜など製品や部品の供給など多岐にわたる。市場規模の推定は容易ではないが，すでに官庁や産業界が発表している二つのデータから，大まかな様子がうかがえる。

　「通商白書2008年版」では，ロンドンを拠点に世界の水ビジネスの市場分析を行っている調査会社のグローバル・ウォーター・インテリジェンスのデータを元に，世界全体の市場規模を図1.1のとおり予想している。それによると，世界の水ビジネスの規模は，2007年時点で3,489億ドル（1ドル95円換算で，約33兆円）であり，2025年には7,015億ドル（同，約67兆円）になると予想している。

　これとは別に，もう一つよく知られているものに，「産業競争力懇談会（COCN）」による推計がある。COCNは日本の産業競争力の強化に深い関心をもつ企業・団体により構成される任意団体である。国の持続的発展の基盤となる

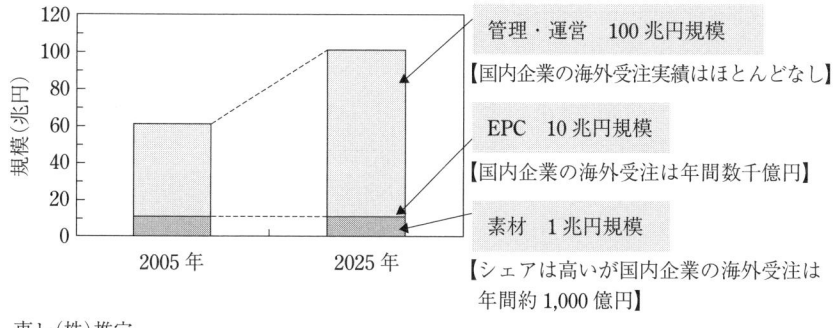

東レ(株)推定。

図 1.2　世界水ビジネスの市場規模（COCN）

産業競争力を高めるため，科学技術政策，産業政策などの諸施策や官民の役割分担を，産官学協力のもと合同検討により政策提言としてとりまとめ，関連機関への働きかけを行っている。日立製作所，東芝など32社および5大学・独立行政法人から構成される（2010年11月現在）。

そのCOCNが2008年3月に発表した「水処理と水資源の有効活用技術—急拡大する世界水ビジネス市場へのアプローチ」と題した報告書の中で，水ビジネスの規模を推定している（図1.2に示す）。数字は水処理膜を得意として国際的に事業展開をしている東レ(株)が予測したものだ。2005年時点の市場規模を60兆円とみて，2025年には111兆円になると推定している。

「素材」，「EPC（engineering-procurement-construction の略）」，「管理・運営」をそれぞれ「1兆円」，「10兆円」，「100兆円」と推定している。数字の正確さよりも，それぞれの市場規模をイメージとして，1対10対100という「オーダーレベルの差」であることをいわんとしている。"1 + 10 + 100 = 111兆円"という覚えやすさもあってか，メディアではこの数字はかなりよく取り上げられている。

図1.1の通商白書と図1.2のCOCNの推計は，それぞれ前提が異なるので，対比することにさほどの意味はないが，2025年の市場規模として前者は7,015億ドル（1ドル95円換算で67兆円），後者は111兆円である。

「地方公営企業年鑑」によれば，2008（平成20）年度，日本の水道事業，下水道事業の決算規模は，それぞれ4兆6,102億円，6兆8,136億円で，合計すると

11兆4,238億円である。それを念頭において，水ビジネスの市場総額としては，BRICS諸国や途上国における今後の上下水道インフラ需要を考えると，2025年に60兆～110兆円と推測することは，オーダーレベル（桁数）として違和感のない数字であろう。

次に，その市場の内訳を見てみよう。

これも，正確な統計はなく確かなことはいえないが，著者の個人的見解からすれば，前者（すなわちグローバル・ウォーター・インテリジェンスのデータを元に経済産業省が推計したデータ）の方が，市場の内訳に関しては現実に近い印象をもつ。

その理由は，著者がわが国におけるいくつかの浄水場の経営管理や，流域下水道施設の包括的運転維持管理業務に携わった経験からすると，運転・維持管理において占めるコストの3大要素は「人件費」，「修繕費」，「ユーティリティ（電力や薬品など）」であるからだ。それ以外にも，消耗品（資器材），事務機器，景観維持費（清掃や植栽など）など，個別には小さな費用が多々発生し，積み上げればそれなりの費用になる。契約ごとに維持管理する範囲や内容は異なるので，一様に述べることはできないが，包括的に施設を運転・維持管理する場合において，「人件費」，「修繕費」，「ユーティリティ（電力や薬品など）」のオーダーレベル（桁数）は等しい。つまり，いずれか一つが他の要素の10倍ないしは10分の1であることは珍しい。したがって，人件費＋電力費＝「サービス」，修繕費＝「プラント等」（実際にはこれに初期建設費用もしくはその減価償却費がある），ユーティリティの一部（薬品）と消耗品他＝「資機材」とすれば，前者のような内訳になろうという感覚である。

上記を東京都水道局の運営費用内訳を用いて検証してみる。

東京都水道局ホームページで，事業概要平成21年版を公表しているので，その「統計資料」129ページ記載のデータを用いる。平成20年度，東京都水道局は東京都区部および都営水道25市町村の人口12,554,106人に対して水道水を供給している。総費用は2,737億8,900万円で，その内訳は表1.4に示すとおりだ。

「その他」の内訳は明示されていないが，技術系業務を補完支援するために東

1.2 世界の水ビジネス市場規模およびその構成推計

表 1.4 東京都における水道事業の経営状況

年度	総収益 （百万円）	給水収益 （百万円）	供給単価 （円）	給水原価 （円）	職員1人あたり 営業収益 （千円）	総費用 （百万円）
19	344,226	304,145	209.46	205.81	83,061	275,309
20	337,884	229,023	208.51	204.79	86,113	273,789

1. 供給単価および給水原価は税込。
2. 平成19年度の給水原価は民間債の満期一括償還制度導入に伴う元金償還金平準化のための必要額を含め算出。

年度	職員給与費 （百万円）	支払利息 （百万円）	減価償却費 （百万円）	動力費 （百万円）	薬品費 （百万円）	修繕費 （百万円）	その他 （百万円）
19	42,425	15,852	63,161	9,878	2,439	59,873	81,681
20	39,063	13,915	59,602	11,097	2,763	63,863	83,486

「東京都水道局事業概要平成21年版統計資料」p.129表を転載。

京都が設立した東京水道サービス(株)や，窓口業務を補完するために同じく東京都が設立した(株)PUCへの委託費（平成20年度の営業収益は各社80億4,800万円，118億3,200万円，計198億8,000万円），資機材，その他が含まれると推定される。

そこで，「その他」の費用である834億8,600万円を，人件費198億8,000万円と，資器材他636億600万円として，キャッシュフローを推定しなおしてみると，表1.5のようになる。減価償却費は現金支出（キャッシュアウト）を伴わないが，長期的視点からみれば，施設を維持するためには減価償却費に見合う額の投資額を必要とされることから，「プラント等」に入れて整理した。

表1.5によれば，毎年支出するキャッシュは，「サービス」に関しては26.6%（人件費21.5%，ユーティリティ5.1%），「プラント等」に関しては45.1%，「資機材，他」に関しては28.3%となる。すなわち，「サービス」市場に対して，「プラント等」市場をより大きく見積る前者の推計と似たものとなる。

サービスの定義は曖昧でどこまでを「サービス」（あるいは「管理・運営」）として，どこまでを「プラント」（あるいは「EPC」）とするかにより，当然，異な

1 拡大する水ビジネス―官民パートナーシップ（PPP）の進展が背景

表 1.5 水ビジネスの市場内訳（試算）

職員給与費	動力費	薬品費	修繕費	その他	支払利息	減価償却費	総費用
39,063	11,097	2,763	63,863	83,486	13,915	59,602	273,789

サービス				プラント等		資器材，他		キャッシュアウト
人件費		ユーティリティ						
職員給与費	その他(1)	動力費	薬品費	修繕費	減価償却費	その他(2)	支払利息	
39,063	19,880	11,097	2,763	63,863	59,602	63,606	13,915	273,789
58,943		13,860		123,465		77,521		
21.5%		5.1%		45.1%		28.3%		100.0%

表1.4を元に再集計したもの。

る結果となることに注意しなければならない．しかし，上記のような整理をしてみると，わが国の産業界が得意とする「プラント」あるいは「EPC」は，水ビジネス全体の5割弱を占めるともいえる．また，資器材その他も3割弱を占める．これらはわが国の強みである「技術力」を発揮できる部分であり，過小評価する必要はない．「隣の芝生」は青くみえるかもしれないが，「サービス」市場を過大に評価してもいけない．COCNの試算はわかりやすい表現を用いることにより，これまでわが国があまり目を向けてこなかった「管理・運営」や「サービス」というビジネスに脚光をあてた功績が大きい．

なお，脇道にそれるが，表1.5において東京都水道局の職員給与費（39,063百万円）とあるが，原典中に記載されている職員数4,268人で割ると，東京都水道局の1人あたり平均給与は915万円（39,063百万円/4,268人）となる．水道事業運営には，非常に高い能力やスキルを要求されるものもあるが，それは一部であり，すべてがそうということではない．職員の高齢化が進んでいることも背景にあるが，この計算に誤りがなければ，普通の感覚でみればかなりの高水準である（わが国の水道民間企業水準の1.5～2倍程度はあるのではないか）．能力が高い人が必要以上に多いともいえ，悩ましい．途上国の水道事業体の平均給与水準と比べると桁違いであろう．第4章で詳細を述べるが，仮にわが国の地方自治体職員が海外展開する際には最大の弱点となろう．

2
先行する世界各国の水ビジネス戦略

　第1章では,「水ビジネス」の拡大の背景にある PPP の歴史と現状について述べた.本章では,すでに PPP を国内に普及させ,その経験とノウハウを強みとして,国際展開を進めている国々を取り上げ,その戦略を分析する.

2.1　イギリスの水ビジネス戦略—完全民営化による国際展開

　わが国の近代水道の歴史は,1885(明治18)年にイギリス人技師ヘンリー・S・パーマー氏を顧問として招き,横浜に近代水道を敷設したことに始まる.その後,函館市(平井晴二郎設計,1889年竣工),長崎市(吉村長策設計,1891年竣工),大阪市(英国人ヘンリー・S・パーマー,ウィリアム・K・バルトン設計,1895年竣工),広島市(英国人ウィリアム・K・バルトン設計,1898年竣工),東京市(英国人ウィリアム・K・バルトン設計,1899年竣工),神戸市(英国人ヘンリー・S・パーマー,ウィリアム・K・バルトン設計,1900年竣工)が続いた.わが国の水道はイギリスを手本に発展,成長を遂げたともいえる.本章のまずはじめに,「完全民営化」の道を選択した,そのイギリスの水ビジネス戦略について述べる.

2.1.1　民営化後の潮流—「吸収合併」,「経営多角化」,「グローバリゼーション」

　イギリスのイングランドとウェールズ地方は,サッチャー政権のもと1989年に水道事業が完全民営化されたことは前章で述べた.より詳細な経緯については,小著『水ビジネスの現状と展望—水メジャーの戦略・日本としての課題』に述べたので,そちらを参照していただきたい.ここでは「民営化後」に焦点を絞り,

イングランド，ウェールズの水ビジネスに関する状況について述べる。民営化後は，以下に示す三つの潮流が起きている。

a. 吸収合併

民営化後の一つ目の潮流は，「規模の経済」原理による「吸収合併」の進展である。

多数の事業者が競争的に財・サービスを供給するよりも，単一の事業者が独占的に供給したほうがコストを小さくできることを「規模の経済（economies of scale）」ということはよく知られている。水道をはじめ電力，ガス，通信，鉄道など巨大ネットワーク・インフラを必要とする事業は，まさにこの「規模の経済」があてはまる典型的産業である。

イングランド，ウェールズ地方において，1989年の民営化当時は，上・下水道事業を行う10社と，水道事業だけを行う水道会社29社の，合計39社が設立された。しかし，2010年5月現在，上・下水道事業を行う企業は10社と変らないが，水道事業だけを行う水道会社は，吸収合併などにより29社から12社に減っている（後述表2.1参照）。半数以上の水道会社は，「規模の経済」原理により吸収合併された。民営化により，経済原理に基づくより自由な経済活動が可能となったことによるものである。

b. 経営多角化

民営化後の二つ目の潮流は，「範囲の経済」原理による「経営多角化」の進展である。

「範囲の経済（economies of scope）」とは，複数の財を複数の企業で生産する場合の総費用よりも，1社がまとめて生産する場合の費用のほうが低コストであることをいう。「多角化の経済性」あるいは「多様化の利益」ともいわれる。ある事業の生産プロセスにおいて生じる他の事業に転用可能な生産要素（情報やノウハウなど）を用いて，業務の多角化を行う場合，全体としてのコストが相対的に低下することを指す。具体的には，水道事業において開発したエンジニアリング技術や，施設の運転・維持管理ノウハウを転用して，電力，ガス，廃棄物分野などに事業を拡大することなどである。具体例は三つ目の潮流の項で合わせて述べる。

c. グローバル化

民営化後の三つ目の潮流は，上記二つの潮流が一体となって起こる「グローバル化」である。「規模の経済」や「範囲の経済」を追求して，イギリスの企業が国外に出てゆくことも起きれば，当然，国外の企業がイギリスに参入することも起きている。具体例を以下に示そう。

主都ロンドンを含む地区を対象エリアとする，英国内売上首位のテムズ・ウォーター（Thames Water Services Ltd.）は，民営化後 6 年を経た頃から積極的な海外進出を始めた。1995 年にはバンコク（タイ），上海（中国），アデレード（オーストラリア）に進出。翌 1996 年にはプエルトリコ，トルコからも大型のプロジェクトを受注した。上海ダ・チャン浄水施設における契約は，投資額 78 百万米ドル，日給水量 40 万トン浄水施設の建設と 23 年間の運転維持管理をするもので，中国初の外資による浄水場 BOT 契約として注目を集めた。また 1999 年に，トルコのイズミット市において，施設建設後 15 年間の運転管理を保証する BOT 契約を受注した。1999 年には，チリで民営化された水道会社 ESSEL と ESSBIO の半数近い株式を取得した。2000 年には，米国ニュージャージー州を本拠地とする民間水道会社エリザベスタウン・ウォーターを買収し，米国市場にも進出した。しかしその後，2001 年には，独エネルギー企業 RWE に買収された。その後しばらくは，エネルギー，廃棄物処理などを手掛ける RWE グループ傘下にあったが，2006 年に RWE が水道事業から撤退すると，今度は豪マッコリー銀行グループに買収され現在に至っている。民営化 20 年間で 2 度の国際的大型吸収合併を経験した。

英国 2 位で，工業都市マンチェスターを含む地区を対象エリアとするノースウェスト・ウォーター（Northwest Water Water Ltd.）は，1991 年にオーストラリアに現地法人ユナイテッド・ユーティリティーズ・オーストラリアを設立した。1995 年に電力会社ノルウェブ（Norweb）と合併して，現在のユナイテッド・ユーティリティーズ（United Utilities Water plc）となった後，1997 年にフィリピン・マニラ首都圏の上下水道事業の民営化が決まると，比アラヤ・米国ベクテル，三菱商事らと東地区を受けもつマニラ・ウォーター・カンパニーを設立し，25 年間のコンセッション契約を受注した。1999 年から 2001 年にかけては，ポーラ

ンド，ブルガリア，エストニアなどの東欧にも進出した。

英国内売上3位のセバン・トレント（Severn Trent Water plc）は，ロンドンに次ぐ人口100万人を抱える工業都市バーミンガムを含む地域を対象としている。1990年には米国キャピタル・コントロール（Capital Controls Company）を買収し，米国市場に進出。1991年には，英国の大手総合廃棄物サービス会社であるBiffaを買収し，廃棄物処理も手掛けた。

以上の3社の例はともに，「規模の経済」，「範囲の経済」，「グローバル化」という三つの潮流が起きたことを具体的に示すものである。

d． 三つの潮流の背景―イギリスのオープンポリシー

イギリスでは一般的に，イギリス企業に対する投資規制について，外国からの投資と内国からの投資との間に特別の区別はなく，非英国居住者によるイギリス企業への投資は規制されない。イギリスは，イギリス企業に対する外国からの投資を促進するために，OECD資本自由化コードの対内投資に関する特別規定として策定された「1976年OECD多国籍企業行動指針（1976 OECD Declaration on International Investment and Multinational Enterprises）」に従っており，同指針を遵守する他国の企業が内国企業に比して不利な取扱いを受けないことを政策としている。

「1975年産業法パートⅡ（Part II of the Industry Act 1975）」によれば，国務大臣（Secretary of State for the Department of Business, Enterprise, and Regulatory Reform）は支配権の変更が英国の利益に反すると考える場合に，例外的に「重要な製造業」（important manufacturing undertaking）の支配権の変更を禁ずることができる。イギリスにとって「特別の重要性」（special importance）を有するものが，当該「重要な製造業」に該当するものとされている。そして当該企業株式の30％が取得された場合に，支配権の変更が発生したとみなされ，政府が支配権の変更を禁ずることができるとされている。ただし当該規定は，これまで民営水道の吸収合併に関して適用されたことはない。

民営化・自由競争を標榜したイギリスならではのオープンポリシーである。

表2.1に，イギリス民間上下水道会社における株式の所有権状況を示す。

フランス，オーストラリア，米国，カナダ，マレーシア，香港など，イギリス国外の企業が所有権を有する企業は22社中12社と半数を超えている。

しかし，こうした民営化後の潮流は経済原理を鑑みればきわめて自然な流れといえる。わが国でも完全自由化をし，外資規制を完全撤廃すれば同様の動きが起こるであろう。グローバル化を受け入れるか否かは，どの程度規制で保護するか否か，政策により決まる。

より肝心なことは，企業の国籍ではなく，こうした民営化後の動向がイギリス国民に対してどのような影響を及ぼしたかであろう。いくつかの重要な視点から自由化後の影響を次項において分析する。

2.1.2 民営化後，消費者に対するサービスは向上

a. 内々価格差が少なく，上昇も一定範囲に抑えられているイギリスの料金制度

まずはじめに，自由化後の上下水道料金について述べる。

国民目線でみればこの問題はもっとも重要な問題の一つであり，そのためにはイギリスの上下水道料金の決め方について説明しておく必要がある。

わが国の上下水道料金算定方式ときわめて異なる特徴が二つある（わが国の算定方式については，拙著『水ビジネスの現状と展望』第1章を参照されたい。やや長くなるためここでは省略する）。

一つ目の特徴は，イギリスでは規制機関である上下水道サービス規制局（通称「OFWAT（オフワット）」）*が，各社の事業計画における営業費用，設備投資費用などに，利益率，税金支払い分などを加え，さらに物価上昇率予想などを織り込み，料金上限を設定していることである（図2.1参照）。

イギリスでは水道料金，下水道料金それぞれに対して，同様の考え方を用いており，ともに利用者から徴収する上下水道料金により，上下水道サービス提供に

---

* OFWATは水法（Water Act 2003）に基づいて2006年に上下水道サービス規制局（Water Service Regulation Authority）に改組されたが，その後も呼称はすでに広く知られているOFWATのままである。

表 2.1 イングランド，ウェールズの上下水道民間会社（民営化当時と現在比較）

上 下 水 道 会 社

	1989年			2010	
No.	会社名	No.	会社名	株式保有会社	親会社国籍
1	Anglian Water Services Ltd.	1	*Anglian Water Services Ltd.	Osprey Acquisitions Ltd.	加，豪
2	Dŵr Cymru Cyfyngedig (Welsh Water)	2	Dwr Cymru Cyfyngedig/ Welsh Water	Glas Cymru Cyfyngedig	NA
3	North West Water Ltd.	3	*Northumbrian Water Ltd.	Northumbrian Water Group plc	英
4	Northumbrian Water Ltd.	4	United Utilities Water plc	United Utilities Group plc	英
5	Severn Trent Water Ltd.	5	Severn Trent Water Ltd.	Severn Trent Water plc	英
6	South West Water Services Ltd.	6	South West Water Services Ltd.	Pennon Group plc	英
7	Southern Water Services Ltd.	7	Southern Water Services Ltd.	Greensands Holdings Ltd.	豪
8	Thames Water Utilities Ltd.	8	Thames Water Utilities Ltd.	Kemble Water Ltd.	馬
9	Wessex Water Services Ltd.	9	Wessex Water Services Ltd.	YTL Power International	馬
10	Yorkshire Water Services Ltd.	10	Yorkshire Water Services Ltd.	Saltaire Water Ltd.	英，米，星

水 道 専 門 会 社

	会社名			2010	
No.		No.	会社名	株式保有会社	親会社国籍
1	Bournemouth & District Water Co.	1	Bournemouth & West Hampshire Water plc	Biwater plc	英
2	Bristol Waterworks Co.	2	Bristol Water plc	Sociedad General de Aguas de Barcelona, S.A. (Agbar)	西
3	Cambridge Water Co.	3	Cambridge Water plc	Cheung Kong Infrastructure Ltd.	中（香港）
4	Chester Waterworks Co.	4	Dee Valley Water plc	Dee Valley Water Group plc	英
5	Cholderton & District Water Co.	5	Cholderton & District Water Co Ltd.	Cholderton & District Water Co Ltd.	英
6	Colne Valley Water Co.	6	*Three Valley Water plc	Veolia Environnement	仏
7	East Anglian Water Co. (Suffolk Water plc)		(*Northumbrian Water Ltd. に吸収合併)		

2.1 イギリスの水ビジネス戦略―完全民営化による国際展開

8	East Surrey Water plc	*Sutton & East Surrey Water plc	Aqueduct Capital Ltd.	英
9	East Worcestershire Waterworks Co.	(Severn Trent Water Ltd に吸収合併)		
10	Eastbourne Water Co.	*South East Water plc	Utilities Trust of Australia (UTA); Hastings Diversified Utilities Fund (HDUF)	豪
11	Essex Water plc	(Northumbrian Water Ltd. に吸収合併)		
12	Folkestone & Dover Water Services Ltd.	Folkestone & Dover Water Services Ltd.	Veolia Environnement	仏
13	Hartlepool Water Co.	(Anglian Water Services Ltd. に吸収合併)		
14	Lee Valley Water Co.	(*Three Valley Water plc に吸収合併)		
15	Mid Kent Water Co.	(*South East Water plc に吸収合併)		
16	Mid Southern Water Co.	(*South East Water plc に吸収合併)		
17	Mid Sussex Water Co.	(*South East Water plc に吸収合併)		
18	Newcastle & Gateshead Water Co.	(*Northumbrian Water Ltd. に吸収合併)		
19	North Surrey Water Co.	(Three Valley Water plc に吸収合併)		
20	Portsmouth Water plc	Portsmouth Water plc	South Downs Capital Ltd.	英
21	Rickmansworth Water Co.	(*Three Valley Water plc に吸収合併)		
22	South Staffordshire Waterworks Co.	South Staffordshire Water plc	Alinda Infrastructure Fund	米
23	Sunderland & South Shields Water Co.	(*Northumbrian Water Ltd. に吸収合併)		
24	Sutton & District Water plc	(*Sutton & East Surrey Water に吸収合併)		
25	Tendring Hundred Water Services Ltd.	Tendring Hundred Water Services plc	Veolia Environnement	仏
26	West Hampshire Water Co.	(*Bournemouth & West Hampshire Water plc に吸収合併)		
27	West Kent Water Co.	(*South East Water plc に吸収合併)		
28	Wrexham & East Denbighshire Water	(*Dee Valley Water plc に吸収合併)		
29	York Waterworks plc	(*Yorkshire Water Services Ltd. に吸収合併)		

22　2　先行する世界各国の水ビジネス戦略

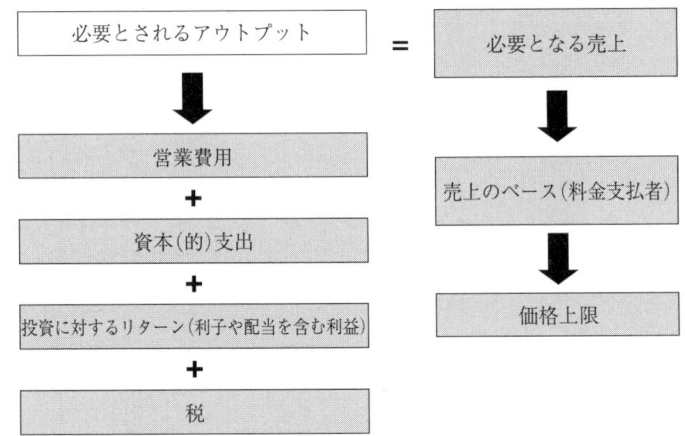

図 2.1　上下水道料金における上限の設定方法
OFWAT, "Future water and sewerage charges 2010-15：Final determinations" p. 26, Figure4 に対して著者が和訳を付加した。

必要な費用のすべてを支出している。わが国のように，地方自治体の一般会計から上下水道事業会計への繰り入れや，施設整備費（資本的支出）に対する国庫補助金などによる補助はない。つまり，税金は投入されておらず，すべて料金収入により運営をしている。

　二つ目の特徴は OFWAT が一括して全民間会社の比較を行い（ヤード・スティック方式），各社の水道料金に極端な格差が生じないようにしており，向こう5年間の上下水道料金に上限を設定していることである（プライス・キャップ方式）。わが国のように，各地方自治体が料金を決める方式とは大きく異なる（水道料金は厚生労働大臣への届け出が必要）。

　上記の二つの特徴により，2009年度1世帯あたり年間上下水道料金でみると，イギリスでもっとも高いサウスウェスト・ウォーター（水道£207，下水道£283，上下水道計£490/年・世帯）と，もっとも低いノーサンブリアン・ウォーター（水道£131，下水道£167，上下水道計£298/年・世帯）の開きは1.6倍と低く抑えられている（データは OFWAT, "Future water and sewerage charges

表 2.2　イギリスと日本の水道料金の内々価格差比較

	イギリス[1]			日本[2]
	水道料金 (英ポンド)	下水道料金 (英ポンド)	合計 (英ポンド)	水道料金 (日本円)
最高	207	283	490	3,412
最低	131	167	298	335
平均	163	181	344	1,483
最高／最低	1.58	1.69	1.64	10.19

1. イギリスのデータは，OFWAT, "Future water and sewerage charges 2010-15：Final determinations" 掲載情報を元にした。
   イギリスの最高料金は，2009 年度サウスウェスト・ウォーター社，1 世帯あたりの年間料金。
   イギリスの最低料金は，2009 年度ノーサンブリアン・ウォーター社，1 世帯あたりの年間料金。
2. 日本のデータは「水道料金の内々価格差（最高/最低）の推移」表中の平成 21.4.1 データで，家庭用 10 m³ あたりの月額料金。

2010-15：Final determinations" より）。

わが国では，大小規模が異なるさまざまな市町村が，事業に必要な経費を個別に積み上げる方式で料金を設定しており全国的に統一されている。このため，市町村間の料金格差（内々価格差）は実に 10 倍と大きい（表 2.2）。

イギリスの上下水道料金は水道メーターによるもの（metered）と水道メーターによらない定額制（unmetered）があり，表中の数字はそれらの平均である。1 世帯あたりの人数や水道使用量など，厳密に同条件での比較はむずかしいが，一つの目安として英日の水道料金を比較するためにシミュレーションを行ってみると表 2.3 のようになる。民営化後のイギリスの水道料金は決して高くない。

1989 年の民営化後の上下水道料金（全国平均）の推移を図 2.2 に示す。水道料金による独立採算とするために，£236（1 ポンド 130 円換算で 30,680 円）であった 1989 年民営化時点の 1 世帯あたり年間上下水道料金の平均はその後 10 年間は上昇を続け，1999 年には£326（同，30,680 円）となった。しかし，プライス・キャップ制により料金に上限が設定されているため，その後は水道料金の上昇は一定範囲内に抑えられ，2009 年には£343（同 44,590 円）となっている。2010 年以降の数字は OFWAT により設定されている上下水道料金の上限を示す。

表 2.3 イギリスと日本の1世帯あたり年間水道料金比較（シミュレーション）

	イギリス[1]	日本[2]
	水道料金 （日本円換算）	水道料金 （日本円）
最　高	26,910	94,171
最　低	17,030	9,246
平　均	21,190	40,931

1. 1ポンド，130円換算で日本円に換算した。
2. 家庭用 $10 m^3$ あたりの月額料金を元に，1家庭の構成を 2.3 人として，12ヵ月分を算出した。

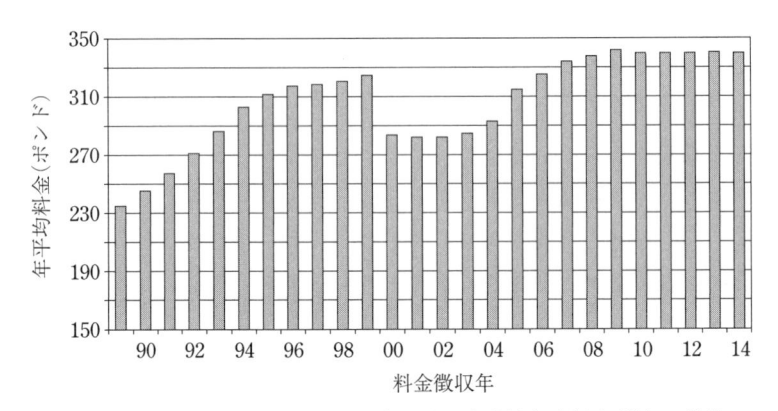

図 2.2 イギリスの1世帯あたりの年間上下水道料金（全国平均）の推移
OFWAT, "Futhure water and sewerage charges 2010-15 final determinations"（2009）の p.28, Figure 5 に対して著者が和訳を付加した。

b．営業費用の削減と設備投資の適正水準維持

次に，料金の内訳をみてみよう。

OFWAT が公表している料金の内訳を図 2.3 に示す。

「営業費用（operating costs）」は 1995 年まで増加した後，2001 年まで減少し，その後 2006 年まで若干上昇したのち，再び 2010 年まではほぼ一定となっている。営業費用には，上下水道施設の運転・維持管理に要する人件費，エネルギー費，消耗品，管理費などが含まれる。

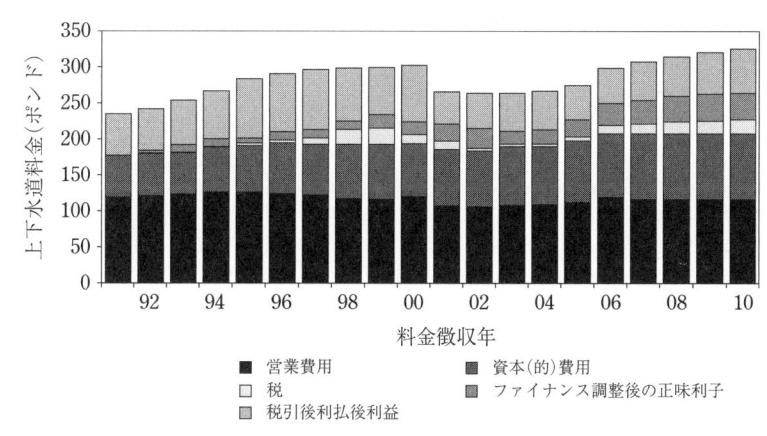

2.1 イギリスの水ビジネス戦略—完全民営化による国際展開　　25

図 2.3 イングランドとウェールズの上下水道料金の内訳
OFWAT, "Setting price limit for 2010-15：Frame work and approach"（2008），p.11，Figure 3 に対して著者が和訳を付加した。

　これに対して「資本（的）費用（capital charges）」については，1989 年以降一貫して増加傾向である。洪水対策，飲料水質向上，漏水対策，水道メーター設置など，サービスの向上に向けた対策を行うために必要な投資であると判断された結果である。これらは，OFWAT が各社の事業計画をチェックし，設備投資が適正水準に保たれるように監視，規制している結果ともいえよう。

　さらに，人件費に影響を及ぼす従業員数の変遷について，以下に分析を試みた。残念ながら，従業員数に関して公表されている正式な統計データはない。そこで，いくつかの比較的信頼できる調査研究報告書をもとに概略傾向を把握することとした。
　英バース大学内に設けられた規制産業研究センターにおいてイングランド環境庁リサーチ・フェローの Peter Baily 氏が行った研究によれば，民営化企業に直接雇用される従業員は 1990 年当時の 46,000 人から，10 年後の 2000 年には 32,000 人に減少している（表 2.4 参照）。
　別のデータをみてみる。
　英国のガス，電力，廃棄物，水産業における能力評議会として活動する「エネルギー・ユーティリティー・スキルズ（Energy & Utility Skills）」の報告書

表 2.4　1980 年以降の上下水道事業（会社）の直接雇用（社員）数

	1980/81	1985/86	1990/91	1995/96	2000/01
全職員（従業員）数	71,000	58,000	46,000	40,000	32,000

1980 年および 1985 年の数字には環境および洪水防止対策職員が含まれる。同職員は 1989 年に全国河川局：NRA（現在は環境庁の一部）に編入。1990 年現在，NRA 職員数は 7,100 名である。
P. Baily, "The Business and Financial Structure of the Water Industry in England and Wales", University of Bath (2003), p. 4, Table 2 に対して著者が和訳を付加した。

"Sector Skills Agreement Stages 1 and 2, Report on the water industry"（2006）によれば，2004 年の民営化企業（Water Companies and Utilities, Regulated）に，直接雇用される従業員は 30,500 人（イングランド 28,500 人，ウェールズ 2,000 人）であったと記述されている。

二つのデータを併せると次のことがいえよう。

すなわち，民営化直後の 1989 年頃 46,000 人程度であった従業員（元職員）は，民営化後 2000 年から 2004 年には，32,000 人から 30,500 人程度に減少したと推定される。全体としていえることは，従業員削減により合理化を進め営業費用の増加を抑制する一方，将来に向けて必要な設備投資を進めている様子がうかがわれる。

c．漏水削減

もう一つ，わが国の水道関係者には大変興味深い「漏水削減」に関するデータを示す。

わが国では，「漏水率が世界一低い」ことがわが国の技術の高さを示すよい例であるとして受け止められている。しかし，イギリスでは必ずしもそうはみていない。

OFWAT と DEFRA が 2006 年に発表した報告書「THE DEVELOPMENT OF THE WATER INDUSTRY IN ENGLAND and WALES」によれば，イングランド，ウェールズ地域において，漏水に関しては，民営化後 1995 年まで増加したものの，1997 年に「2002～2003 年までに経済的なレベル（economic level）を達成する」という中期目標を立てて取り組んだ。その結果 1994～1995 年から

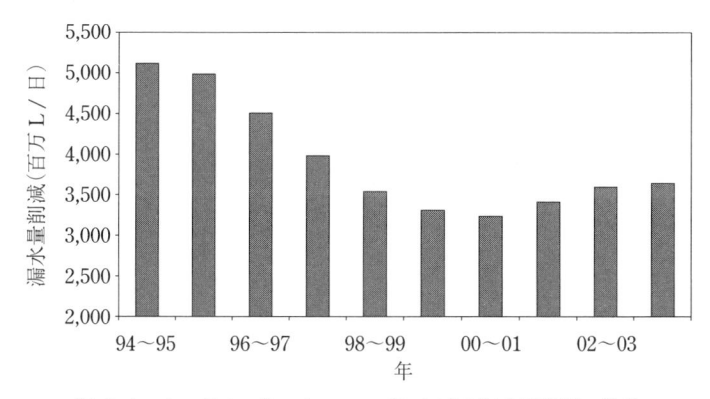

図 2.4 イングランド，ウェールズにおける漏水量削減の推移
OFWAT, DEFRA, "THE DEVELOPMENT OF THE WATER INDUSTRY IN ENGLAND and WALES" (2006), p. 90, Figure7.4.2a を転載。

2002～2003年までの間に，漏水量は1,500百万L/日削減された（図2.4）。これは，「イングランドとウェールズの5分の1の家庭に相当する，1,000万人分の飲料水分を節約できたことを意味する」と同報告は述べている。「経済的なレベル（economic level）」とは，漏水防止にかかる費用が新たに水を生産する費用を超えるレベルをいう。

この「経済的なレベル」として，漏水防止にかかる費用が新たに水を生産する費用を超えるまで漏水対策を実施するという考え方は，非常に合理的である。要するに，新たに水を生産するよりも漏水防止に費用がかかるのであれば，放置しておいた方がより経済的であるということだ。

一般的に，漏水防止は費用をかければ高まり，漏水率は低下する。経済性を無視すれば，限りなく0％に近づけることも可能だ。しかし重要なことは，「費用対効果」である。漏水対策に要する費用が，新たに水を生産する以上に余計に生じるのであれば，漏水対策をせず新たに水を生産するほうが経済的である。水道管が破裂して，地上に水道水が噴出する事態は防がなければならないことは当然であるが，わずかに地下浸透して地下水となる程度の漏水は放置しても問題はない。

漏水率は低いに越したことはないが，血眼をあげてゼロにする必要もないし，

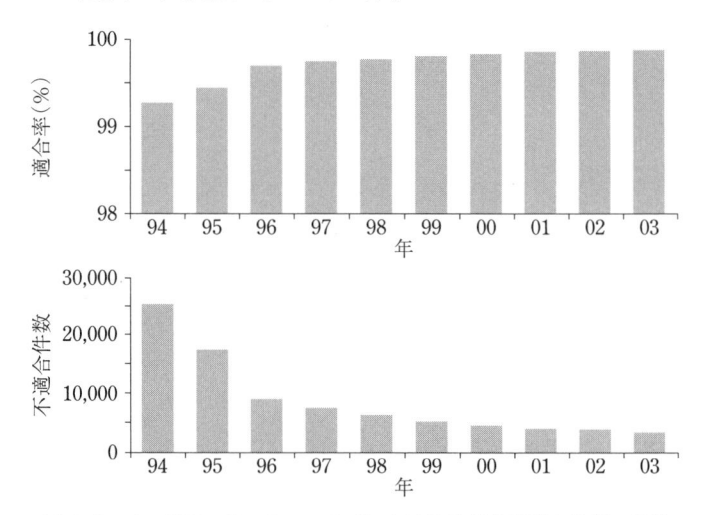

28   2　先行する世界各国の水ビジネス戦略

図 2.5 イングランド，ウェールズにおける飲料水質適合比率の推移
OFWAT, DEFRA, "THE DEVELOPMENT OF THE WATER INDUSTRY IN ENGLAND and WALES" (2006), p. 78, Figure 7.2.1a および Figure 7.2.1b を転載。

ゼロに近づけることがよいとも限らない。経済合理性の範囲で対策を行うことが肝要である。

d．気になる安全性の問題—飲料水質は向上，水質汚濁事故も減少

「民間企業は利益を優先するので，市民生活の安全や安心が脅かされる」という声が時々聞かれる。

果たして，イギリスでは民営化後にそうした現象が起きているのか。

イングランド，ウェールズでは 1989 年に飲料水質に関する数値規制が導入されて以来，毎年，飲料水検査局（Drinking Water Inspectorate：DWI）が水質モニタリングを実施している。

OFWAT が 2006 年に環境食料農村地域省（DEFRA）と共同発表した報告書 "THE DEVELOPMENT OF THE WATER INDUSTRY IN ENGLAND and WALES" によれば，図 2.5 に示す通り，飲料水質基準適合比率は年々上昇し，2003 年段階では 2,896,252 件中 99.88％が基準値を満たしており，3,418 件が非適合であった。

また，下水処理における設備投資を増加させた結果，下水処理水質に関しても大幅な改善がみられたと報告している。「1995-96年に97%であった下水処理基準への適合率は，2003-04年には99.8%に向上した」と記載がある。また，沿岸部の水質も民営化後改善したことが報告されている。下水処理に関する，水質汚濁事故も図2.6に示す通り減少している。

e．消費者嗜好の把握

OFWATは1994年，1999年，2004年と5年ごとに民営水道会社に対する上下水道料金の上限を設定しており，2009年11月に今後2015年までの水道料金についての最終決定を発表している。今回の上下水道料金を決定する際には，消費者意見を取り入れるために，次に示す3段階の消費者調査を行っている。

第1段階：各社による消費者委員会（The Consumer Council for Water：CCWater）の意見を取り入れた消費者調査であり，各社が長期戦略方針声明文を作成するために行われる

第2段階：CCWater主催で2007年10〜12月に行われた。調査結果は，各社の事業計画作成のために提供された

第3段階：各社が事業計画作成した後，各社の投資計画や料金計画など事業計画に対する意見を問うために2008年9〜11月にかけて実施された。

第2段階での消費者調査の結果としては，「消費者は効率的，安全，信頼できる水供給を，現在および将来にわたり手頃な価格で供給することを欲している（consumers wanted an efficient, safe, reliable water at reasonable price now and in the future）」。

第3段階の6,000名を対象に行った消費者調査の結果は，大部分の消費者（86%）は現在の水道・下水道サービスに満足している。約3分の2（64%）の消費者は，水道および下水道サービスは価格に対してよい価値を示していると回答している。

f．最近の動向

これまでみてきたように民営化を選択したイギリスは，水質と料金規制を残し，国籍による差別は撤廃し，グローバリゼーションを前提とした競争を選択した。

カテゴリー1 重大(major)水質汚濁事故

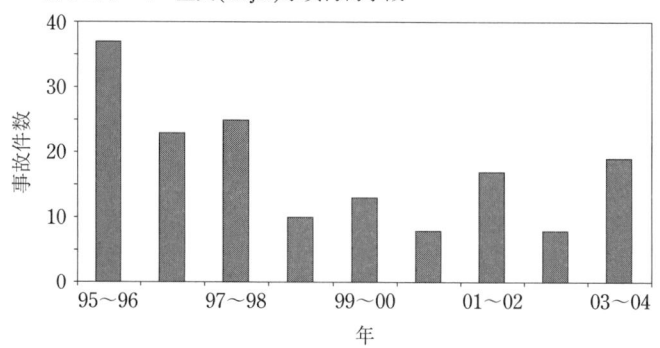

カテゴリー2 大きな(significant)水質汚濁事故

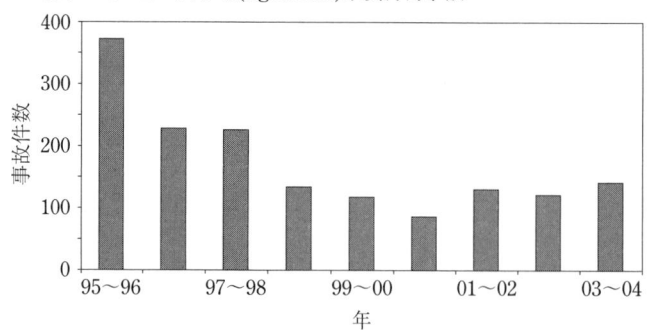

カテゴリー3 マイナー(minor)水質汚濁事故

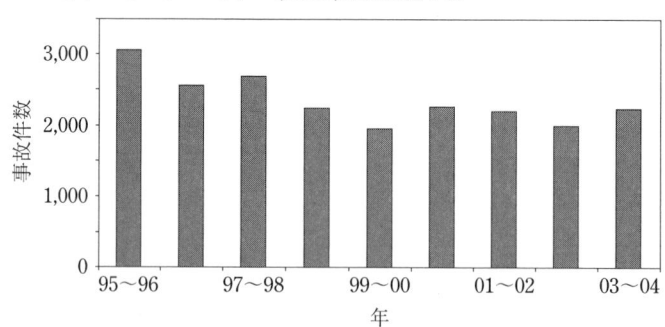

図 2.6 水質汚濁事故件数の推移
OFWAT, DEFRA, "THE DEVELOPMENT OF THE WATER INDUSTRY IN ENGLAND and WALES" (2006), p. 83, Figure 7.2.2(b)〜(d) を転載。

Topic　漏水率1桁はよいことか？—イギリスの経済的漏水レベルELLに対する取組み

わが国のメディアでは，漏水率の低さ（有収率の高さ）を根拠にわが国の水道技術レベルが世界一であるとする報道をよくみかける。

漏水量は浄水場から家庭まで水を送るための送配水本管距離，各家庭への給水栓接続数，水道メーターの取付け位置，および送水圧力などにより大きく影響を受ける。また，土壌の性質，周辺電流状況なども，水道管の腐食に大きく影響を及ぼすことが知られている。

漏水を減らすためには，水圧を適切に管理することが重要といわれているが，それ以外にも，老朽化して漏水した水道管を迅速かつ適切に修繕・更新したり，水道管の材質や品質を適切に管理したりするなど，水道管のアセットマネジメントを行うことが必要である。

ISOにおける上下水道サービスの規格案として作成され，わが国の水道団体である日本水道協会規格となった「水道事業ガイドライン JWWA Q100」においても，漏水率，有収率は，137項目の業務指標（performance indicator：PI）の一つとして位置づけられている。水道事業ガイドラインに記載されている，それぞれの定義を以下に示す。実際，水道関係者の間ではもっとも関心が高い指標の一つである。

3018　有収率（年間有収水量/年間配水量）× 100

有収水量（年間の料金徴収の対象となった水量）の年間の配水量（給水量）に対する割合（％）を示す。水道施設および給水装置を通して給水される水量がどの程度収益につながっているかを示す指標である。この値は高い方がよい。

5107　漏水率（年間漏水量/年間配水量）× 100

年間の漏水量の配水量に対する割合（％）を示す。この値は低い方がよい。

しかし，完全民営化の道を選択したイギリスのイングランド，ウェールズにおいては「漏水率」（あるいは，その逆の「有収率」）は，意図的に漏水防止の指標としていない。

なぜか。

一般論として，漏水率は給水量が増えるに伴い減少する傾向にあり，給水量の異なる地域や企業間において，漏水率を指標とした比較を行うことは，漏水対策効果をミスリードしやすいことを問題点として指摘している。
　管の胴体部に穴を空けておき，水を一方から他方へ流す水量を上げる実験をしてみると，穴からの漏水量は全体の水量に比例しては増えていかないことがすぐに確認できる。
　また，漏水量は浄水場から家庭まで水を送るための送配水本管距離，各家庭への給水栓接続数，水道メーターの取付け位置などにより大きく影響を受けることから地域特性を反映することが必要であり，一律に漏水率を用いた地域間，会社間の比較をすることは好ましくない。
　これらが，イギリスが漏水率（あるいは有収率）を漏水防止対策の指標としていない理由である。

　では，イギリスではどのように漏水防止をモニタリングしているのか。
　1997年頃からOFWAT，環境庁，DEFRAの3機関が共同で，「経済的漏水レベル（economic level of leakage：ELL）」目標を設定するための研究を行い，毎年，その結果を公表している。
　イングランド，ウェールズ地域の上下水道会社および水道会社全社のデータを比較掲載しているが，「1日あたりの漏水量（百万L/日）」，「送水距離あたり，1日あたりの漏水量（m^3/km/日）」，「給水1人（戸）あたり1日あたりの漏水量（L/人/日，またはL/戸数/日）」などを指標としている。
　基本的には「漏水率」ではなく「漏水量」に重きをおいて管理している。

その結果，吸収合併，経営多角化，グローバリゼーションが進んだ。
　しかし，2010年5月に三菱商事，産業革新機構，日揮，マニラ・ウォーターで構成されるコンソーシアムは，ユナイテッド・ユーティリティーズ・オーストラリアの全株式を約190億円で買収することで合意したことを発表している。最近は，海外進出した英国企業も海外事業を見直す傾向もみられる。背景には，OFWATによる設備投資に関する規制強化があり，元をただせば消費者欲求・満足度を満たすためでもある。
　OFWATは上下水道会社全平均の利益率を公表している（図2.7参照）。利益率は民営化直後の9%からすると若干低下しているが，現在および2015年まで

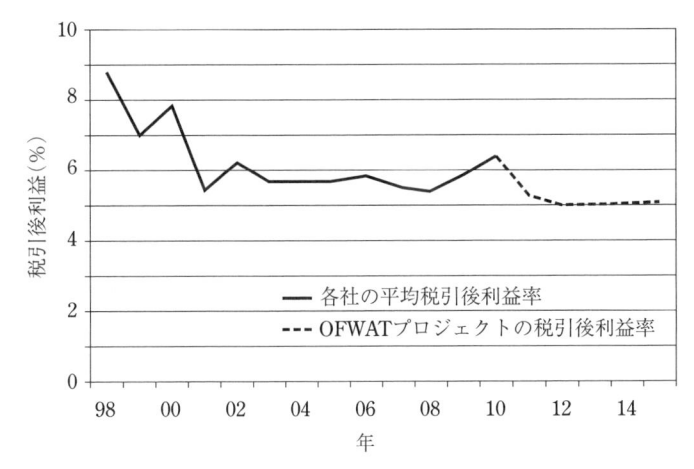

図 2.7 1997 年度から 2014 年度までの税引後利益率（各社平均）推移
OFWAT, "Futhure water and sewerage charges 2010-15 final determinations" (2009)

の計画を 5％程度としている。つまり，イギリス国内できちんと事業を行っていれば，5％程度の利益率が事業者に対しては認められているという意味である。

　安易な海外事業展開は経営悪化になりかねず，英国の消費者の利益にはならない。「まずは国内経営基盤の強化を優先すべし」という意思の現れであろう。民営化された上下水道会社がすべて海外事業から撤退するということではないが，民営化後一気に進んだ海外事業展開に対して，いわば「揺り戻し」が起きているといえる。「海外展開」から「国内回帰」へと振り子の針は，左右に大きく振れ，やがては最適な点を探すであろう。

2.2　フランスの水ビジネス戦略── 150 年の PPP 経験を武器にグローバル展開

　前節で説明した完全民営化の道を選択したイギリスに次いで，本節では 150 年以上前から民間企業によるサービス提供を中心として上下水道事業の運営を行ってきたフランスおよびその企業の戦略について説明する。

2.2.1　フランス国内における PPP 推進―民間 3 社による寡占市場

　フランスの地方分権は，地方圏（region）―県（department）―コミューン（commune）という三つのレベルの地方団体と，国家機関の出先の活動ベースとなる行政区画である郡（arrondissement）―小郡（canton）により行われている。上下水道事業に関しては，コミューンに管理権限が委譲されている。コミューンは現在，フランス全体で約 37,000 存在し，そのうち 32,000（約 9 割）は人口 2,000 人以下であり，わが国の市町村と比べて規模は非常に小さい。

　2009 年のエコロジー・エネルギー・持続可能開発・海洋省（Ministry of Ecology, Energy, Sustainable Development and Sea）の報告書 "Public Water Supply and sanitation utilities in France" によれば，コミューンが営む上下水道事業数は 29,000 事業あり，その内訳は水道が 12,300 事業，下水道が 16,700 事業となっている。コミューン自体も上下水道事業を営んでいるが，民間企業への委託がかなり普及していることが特徴だ。同報告書によれば，2007 年時点で，上水道に関してはコミューン数の 39％，人口にすれば 72％が民間企業からのサービスを受けている。また，下水道に関してはコミューン数の 24％，人口にすれば 55％が民間企業からのサービスを受けている。

　フランスにおける民間委託の歴史は長く，発端は 19 世紀半ばに遡る。わが国では「黒船騒動」が起きた 1853 年に，フランスではナポレオン三世の勅令により「カンパニー・ジェネラル・デゾー（Compagnie Générale des Eaux）」が設立されたことに始まる。同社設立後初の契約はリヨン市の水道供給であったが，1861 年にはパリ市からも 50 年間のコンセッション契約を受託するなどして発展した。これが，その後現在水メジャーの雄として発展した「ヴェオリア・ウォーター（Veolia Water）」である。

　また 1880 年には，フランス水メジャーのもう 1 社，現在のスエズ・エンバイロメントの母体である「ソシエテ・リヨネーズ・デゾー（La Société Lyonnaise des Eaux et de l'Eclairage）」が設立され，カンヌ市の水道供給サービスを始めた。しばらくは，カンパニー・ジェネラル・デゾーとソシエテ・リヨネーズ・デゾーの 2 社による都市へのサービス供給がつづいた。

2.2 フランスの水ビジネス戦略—150年のPPP経験を武器にグローバル展開　　35

　その後20世紀に入り上下水道が普及するに伴い，第三の勢力として，水道および廃棄物処理を手掛ける「ソー（la Société d'Aménagement Urbain et Rural：SAUR）」が1933年に設立された。ソーは都市部を中心に事業展開する前2社に比べると，規模的には小さく，地方都市や農村部へのサービス供給を中心に事業展開を進めた。その後，サイス（CISE）が1935年に設立されるなどしたが，1998年にソーに吸収合併されている。

　現在，フランスにおける民間上下水道サービスはほぼヴェオリア・ウォーター（旧カンパニー・ジェネラル・デゾー），スエズ・エンバイロメント（旧ソシエテ・リヨネーズ・デゾー），ソーの3社による寡占となっていると言ってよい。

2.2.2　民間3社のグローバル戦略

a．ヴェオリア・ウォーター

　ヴェオリア・ウォーターの歴史は，前述のとおり1853年にナポレオン三世の勅令により，都市部における飲料水の供給と農村部における灌漑を目的として「カンパニー・ジェネラル・デゾー（Compagnie Générale des Eaux）」が設立されたことに始まる。設立後初の契約はリヨン市の水道供給事業であったが，1861年にはパリ市より50年間のコンセッション契約を受託して，同市における水道供給サービスを始めた。1880年には，イタリア・ヴェニスにおいて上水供給サービスを開始し，次いでトルコ・イスタンブールなどフランス国外へと水道事業を展開した。1918年には，水道および下水道管網の設計・建設および維持管理を行う目的で「サデ（SADE：Société Auxiliaire des Distributions d'Eau）」を設立。1980年には，水処理施設のエンジニアリングを行うために，それまでにあった複数の子会社を整理統合し，「オー・ティー・ブイ（OTV：Omnium de Traitement et de Valorisationの頭文字）」を設立している。

　1996年には，フランスの電信電話の規制緩和の機を捉え，セジェテル（Cegetel）を設立して通信事業にも参入。1998年に社名をカンパニー・ジェネラル・デゾーから，ヴィヴェンディ（Vivendi）と改めた。2年後の2000年には，電気通信事業を手掛けるヴィヴェンディ・ユニバーサルを親会社として，水，エネルギー，公共輸送，廃棄物処理の4事業部門を分離して，「ヴィヴェンディ・エンバイロメント（Vivendi Environment）」を設立。パリおよびニューヨーク証

表 2.5 ヴェオリア・ウォーターの事業展開沿革

年代	おもな事業展開
1853年	パリにおいてジェネラル・デゾー設立
1879年	イタリアのベネチア市の飲料水の配水権利を取得し，ジェネラル・デゾーとして初の海外支社を開設
1889年	パリのアンジュー通りに最初の研究所開設
1907年	ニース市のボン・ボヤージュ水処理施設にて世界初のオゾン処理設備導入
1918年	フランスにて管路設計・建設子会社，サデ設立
1953年	イギリスでクレー・レーン浄水場の建設
1960年代	(急速ろ過への移行)
1982年	パリ近郊のメゾンラフィットにアンジュー研究所を設立
1997年	大リヨン地区において，最初のカスタマー・サービスセンターを開設
1998年	自然災害を契機に緊急人道支援部隊「ウォーターフォース」を設立
1999年	大パリ地区メリー・シュール・オアズ浄水場にて「ナノろ過」水処理装置導入
2000-1年	韓国において産業分野水処理委託事業の開始
2002年	チェコ・プラハでの洪水災害支援
2002年	米国・インディアナポリス市，ルーマニア・ブカレスト市，ドイツ・ベルリン市，中国・上海市などで運営契約締結 日本法人「ヴェオリアウォータージャパン」設立
2003年	(水資源問題の顕在化，第3回世界水フォーラム京都で開催される)
2004年	中国・上海に最新鋭の水処理管理施設を開設
2005-6年	ジェネラル・デゾーからヴェオリア・ウォーターに社名変更

券取引所に株式を上場した。

　その後，電気通信事業を分離する動きがあり，ヴィヴェンディ・ユニバーサルの保有する株式比率が20％近くまで低下した2003年に，社名を「ヴェオリア・エンバイロメント」に改めた。2005年には四つの事業会社の社名をすべて"Veolia"で統一し，今日に至っている（表2.5）。

　現在はコングロマリット経営を行っているが，設立から二つの世界大戦を経るまでの約1世紀間は，フランスを中心にヨーロッパにおける上下水道事業がほとんどの事業割合を占めていた。水ビジネス以外のエネルギー，公共輸送，廃棄物

2.2 フランスの水ビジネス戦略―150年のPPP経験を武器にグローバル展開

表 2.6 ソーの事業展開沿革

年 代	おもな事業展開
1933年	フランスでソー設立
1960年代	ニース市からの契約受注を始めフランス国内事業拡大，コートジボアールに海外子会社設立
1970年代	エンジニアリング子会社「Stereau」を設立
1980年代	フランス国内のサービス提供が16地域，100万人に達する。国外ではコンゴ，ギニア，マリ，セネガル，ザイール，カナダ，イギリス，スペイン，ポーランドなどに進出
1984年	フランス国内で廃棄物処理子会社「Coved」を設立。仏建設大手ブイーグによる買収，ブイーグ傘下になる
1994年	ブイーグとフランス電力公社（EDF）の合意によりソー・インターナショナル設立。コートジボアール，ギニア，セナガルなどでエネルギー事業展開
1997年	サンゴバン子会社のCiseを買収。3大水道会社の1社となる。
2000年	Ciseフランス国内でソー・フランスと社名変更
2001年	EDFがソーの株式を売却し，ブイーグの完全子会社となる
2003年	Stereauがスペインの水エンジニアリング会社Idaguaを買収。ソーはイギリス水事業子会社をサウス・イースト・ウォーターに売却
2004年	Coved，産業排水処理を得意とするSorediv, AMDを買収
2005年	ブイーグがソーの株式10%を残して，プライベート・イクイティ会社のPAI partnersに売却
2006年	ブイーグがソーの株式を売却。ソー・フランスが親会社を吸収合併してソーとなる
2007年	PAI partnersが，Caisse des dépôts et consignations（47%），Séché Environnement（33%），AXA（20%）に株式売却

処理事業の展開に関しては，1980年頃から活発化したものだ。上下水道事業に関してもフランス・欧州以外の地域に事業を拡大したのは1980年以降のことだ。以来，約30年間での国際的な事業成長は目覚ましい。

2008年末時点で，世界64ヵ国において従業員数93,433人を擁し，4,400件の上下水道および産業用水処理施設の運転維持管理業務を受託する規模になっている。全世界で給水人口は8,000万人，下水処理人口は5,900万人に上る。世界最大の上下水道サービス会社といえる。

スエズ・エンバイロメントのグローバル事業展開については，2.2.5で述べることとし，ソーの事業展開の沿革については表2.6にまとめる。

2.2.3 フランス水メジャーの収益構造，地域ポートフォリオ

ヴェオリア・ウォーター，GDFスエズ，ソーなど水メジャーの収益構造や事業ポートフォリオに関しては関心が高いと思われるので，以下に解説する。

3社ともに，自国フランス以外においてもかなりの規模の事業を展開しているが，当然ながらいずれも対象国別の利益は公表していない。よって，「どの国における水道事業がもっとも利益率が高いか」といった記述はここではできない。

代わりに参考となる公開情報として，ヴェオリア・エンバイロメントの2008年アニュアルレポート・レファレンス・ドキュメントを用いて，同社の事業ポートフォリオを説明する。

同レポートには，同社の水，環境（廃棄物），エネルギー，公共輸送の4事業部門別の売上（revenue）および営業利益（operating income）が公表されている。また，売上に関しては，地域別内訳も掲載されている。それらを著者が独自に編集し直したものを表2.7に記載する。

表 2.7 ヴェオリア・エンバイロメントの売上および営業利益構成

	水事業	売上比	環境サービス	売上比	エネルギー	売上比	公共輸送	売上比	計
ヨーロッパ売上	8,611.4	68.6%	7,666.0	75.6%	6,979.0	93.7%	4,651.4	76.8%	29,697.8
フランス	4,883.5	38.9%	3,693.9	36.4%	3,628.2	0.5	2,317.3	38.3%	14,522.9
ドイツ	1,376.7	11.0%	1,108.8	10.9%	57.8	0.0	621.9	10.3%	3,165.2
イギリス	671.5	5.3%	1,667.7	16.4%	487.9	0.1	128.2	2.1%	2,955.3
その他	1,679.7	13.4%	1,195.6	11.8%	2,595.1	0.3	1,584.0	26.2%	7,054.4
米国売上	612.2	4.9%	1,350.4	13.3%	322.0	0.0	760.4	12.6%	3,045.0
その他売上	3,343.3	26.6%	1,127.7	11.1%	358.4	0.0	642.3	10.6%	5,462.7
中東	862.1	6.9%	79.9	0.8%	60.6	0.0	24.2	0.4%	1,026.8
アジア・オセアニア	1,335.4	10.6%	706.0	7.0%	109.4	0.0	556.8	9.2%	2,707.6
その他	1,136.8	9.1%	341.3	3.4%	188.4	0.0	61.3	1.0%	1,728.3
売上合計[百万€]	12,557.9	100.0%	10,144.1	100.0%	7,449.4	1.0	6,054.1	100.0%	36,205.5
営業利益[百万€]	1198.5		285.5		429.7		145.4		1951.3
営業利益率[%]	9.5%		2.8%		5.8%		2.4%		5.4%

ヴェオリア・エンバイロメント，"Reference Document 2009" のデータを元に編集。

2.2 フランスの水ビジネス戦略—150年のPPP経験を武器にグローバル展開

事業部門別の営業利益率(営業利益を売上で除したもの)としては,水事業が9.5%となっており,環境(廃棄物)サービスの2.8%,エネルギーの5.8%,公共輸送の2.4%に比べて一際高い。また,水事業における地域別売上に関しては,自国フランス38.9%を含むヨーロッパ68.6%が高く,その他の米国,中東,アジア・オセアニア,アフリカなどは合計しても,水事業売上の3割程度を占めるにすぎないことも特徴だ。

次に水ビジネスのみに関する地域別ポートフォリオをみるために,もう一つ別のデータとして,ヴェオリア・ウォーターの"Business Overview 2008"を元に,地域別売上,従業員数,給水人口,下水処理人口を独自に編集し直したものを表2.8に示す(2009年度版には,給水人口,下水処理人口データが掲載されていないため,2008年度版を用いた)。

売上比率をみると,自国フランス43.9%,フランスを除くヨーロッパ29.4%であり,合計すると水事業世界全体売上の73.3%である。

従業員の比率をみると,フランス32.4%,およびフランスを除くヨーロッパ30.3%であり,合計すると水事業世界全体従業員の62.7%となる。

給水人口,下水処理人口の比率をみると,フランスおよびフランスを除くヨーロッパの合計は,水事業世界全体の56.4%(給水人口)および60.2%(下水処

表2.8 ヴェオリア・ウォーターの地域ポートフォリオ

	フランス	ヨーロッパ(フランス除く)	アジア・太平洋	アフリカ・中東・インド	米国	合計
売上高(百万€)	5,515.00	3,696.70	1,333.90	1,242.60	769.6	12,557.80
比率(%)	43.9%	29.4%	10.6%	9.9%	6.1%	100%
従業員数(人)	30,255	28,324	18,220	7,994	8,640	93,433
比率(%)	32.4%	30.3%	19.5%	8.6%	9.2%	100%
給水人口(人)	24,572,491	20,859,093	21,627,501	6,594,937	6,848,125	80,502,147
比率(%)	30.5%	25.9%	26.9%	8.2%	8.5%	100%
下水処理人口(人)	16,889,804	18,319,338	14,542,214	2,887,671	5,891,765	58,530,792
比率(%)	28.9%	31.3%	24.8%	4.9%	10.1%	100%

Veolia Water, "Business Overview 2008"を元に編集。

理人口）である。

　もう少し嚙み砕いて説明しよう。

　ヴェオリア・ウォーターにおける水ビジネスの売上比率は，フランス，ヨーロッパにおいて7割以上を占めるが，従業員比率，給水人口，下水処理人口のいずれも比率は6割程度である。逆の言い方をすれば，フランス，ヨーロッパ以外の地域において，売上は全体に対して3割弱であるが，従業員比率，給水人口，下水処理人口のいずれも比率は4割程度を占める。すなわち，長い経験を有するフランス，ヨーロッパにおいては「知識集約型」の運営を行い，90年以降に進出したその他地域では「労働集約型」の運営を行っている。

　こうした公表データをみても，自国フランスならびにヨーロッパにおける歴史的にも安定的な売上，利益構造をベースとして，近年リスクの高い途上国をはじめとする他地域において事業展開を進めている構造がみえてこよう。わが国産業が途上国において事業展開する際には十分な注意が必要だ。

2.2.4　フランス国内における寡占化の弊害

　フランスでは上下水道事業における民間事業者3社の関与度合いがきわめて高く，また寡占化が進んでいることはすでに述べた。一般論として，こうした寡占化が進むと，価格カルテル，談合，政治家との癒着問題など，企業間の公平な競争を阻害する問題が生じる懸念は否めない。

　実際に起きた具体例をあげてみよう。

　フランス水業界において，広く知られている事件として，グルノーブル市で起きた上下水道サービス契約を巡るアラン・カリニョン（Alain Carignon）市長とリヨネーズ・デゾーとの間の贈賄事件がある。1989年に締結された25年間のコンセッション契約を巡り，市長は選挙資金などの裏金の提供を受ける見返りとして，リヨネーズと契約を締結した。1999年末に同市長は有罪判決を受け，コンセッション契約は破棄された。2000年より上下水道サービスは，再び公営に戻され運営されている。

　もっともわが国でも，橋梁，水門，し尿処理施設建設を巡り，政治家とゼネコン，エンジニアリング会社との贈賄事件や談合事件は跡を絶たない。わが国の同業界における寡占度合は，フランスのそれに比べれば決して高くはない。よって

Topic　フランス上下水道料金の現状 "Water Pays for Water"

フランスでは，上下水道サービスの提供に必要な費用は上下水道料金により賄うという意味の「ウォーター・ペイズ・フォー・ウォーター（water pays for water）」原則がある。いわば，「完全独立採算性」である。1990年に，地方自治体における一般会計から，上下水道事業に係る特別会計として独立させる新たな会計ルールとして導入されて以来，今日までつづいている。

現在，フランスの水道料金はこの「ウォーター・ペイズ・フォー・ウォーター」原則に基づき，次の3要素から構成されている（図2.8）。
① 水道供給サービスの対価（浄水および送配給水にかかる費用）
② 下水道サービスへの対価（収集および下水処理にかかる費用）
③ 租税公課（取水税，汚染税，付加価値税など）

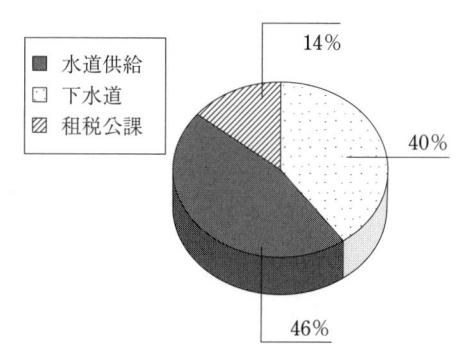

図 2.8　フランスの代表的な上下水道料金の内訳
"Public water supply and sanitation utilities in France"

三つ目の租税公課のうち取水税や汚染税は，フランス国内の流域管理を行う六つの水管理庁（Agences de l'eau）が管理し，水資源の維持管理に必要なインフラ整備・施設更新費用などに再投資されている。

国庫補助金などを用いない点や，流域を単位として各地方自治体レベルにおいても一般会計から上下水道会計を切り離している点はイギリスと同様であり，わが国の制度とは大きく異なる。

2009年エコロジー・エネルギー・持続可能開発・海洋省（Ministry of Ecology, Energy, Sustainable Development and Sea）報告書 "Public Water

> Supply and sanitation utilities in France" によれば，上下水道セクターはフランス全体 GDP の 1％に相当する。2004 年度の家庭用上下水道事業の全体支出は 110 億ユーロであり，フランス国民 1 人あたり年間 117 ユーロを負担している。これは，1 家庭あたりにすると 1 日平均で 1～2 ユーロの支出に相当する。また，終末処理場を設置し下水道を整備（"Collective Sanitation System"）している自治体における 1 m³あたりの上下水道料金は 3 ユーロでありその内訳は，水道料金が 1.46 ユーロ，下水道料金が 1.55 ユーロであったと報告されている。

「寡占」のみが原因とは言い切れない。

ともあれ，多くの契約は契約期間終了のたびに再び元の事業者との間で更新されることが多く，フランス国内においてもそのことに対する批判もある。

そうしたなか，シラク元大統領が市長を務めていた 1985 年に締結された，ヴェオリア・ウォーターとスエズ・エンバイロメント 2 社によるパリ市の水道給水サービスが，2009 年末で更新されずに 25 年ぶりに公営化された。このことはわが国水道関係者の間でもつとに脚光をあびた。これは，2001 年に就任した社会党のベルトラン・ドラノエ市長が，選挙公約として掲げていたものを実行したものだ。

ヴェオリア・ウォーターに関する歴史において述べたとおり，パリ市の水道サービスには，1861 年よりカンパニー・ジェネラル・デゾー（ヴェオリア・ウォーター）が携わってきたが，直近の契約は 1985 年に締結されたものである。浄水部門については第三セクターである「SAGEP (Société Anonyme de Gestion Eaux de Paris)：パリ市，Suez，Veolia の 3 者で設立」が実施し，配水および料金徴収部門については，セーヌ川右岸をヴェオリア・ウォーターが受託し，セーヌ川左岸をスエズ・エンバイロメントが受託してきた。配水および料金徴収部門に関しては，漏水が目立ち始めた配水管や，故障しがちな水道メーターなどの更新もヴェオリア・ウォーターとスエズ・エンバイロメント 2 社が行ってきた。

しかし，80 年代にインフレ対策のために公共料金が抑制され，老朽化した設備の更新が先送りされたツケが回ったことや，水の消費量が減り始めたこともあり，90 年代に入って収支採算を合わせるために料金単価が上昇した。これに，

先のグルノーブル市の贈賄事件などが影響し，契約が更新されなかったといわれている。

2010年1月より，浄水，配水および料金徴収部門すべてが公営化されているが，水メジャーの国フランス，しかもその首都パリの水道事業において民間委託契約が更新されずに再公営化されたことに対して，世界中の「公営を是，民営は非」とする陣営からは大きくクローズアップされ報じられている。しかし，冷静にみれば，こうした事例はごく一部にすぎず，フランス全体が公営化の道を進んでいることにはならない。さらに，パリ市においても公営化により料金値下げが約束されたわけではないことは注意が必要である。

フランスでは，上下水道サービスの提供に必要な費用は上下水道料金により賄うという意味の「ウォーター・ペイズ・フォー・ウォーター（water pays for water）」原則が1990年に導入されて以来，今日までつづいている（地方自治体における一般会計から，上下水道事業に係る特別会計として独立させるという新たな会計ルール）。再公営化による影響を見極めるのには少なくとも10年単位で事業をみる必要がある。

2.2.5 巨大すぎる民間水道会社－海外からの買収を阻止せざるを得ないフランス政府

a．イタリア・エネルによるスエズ買収を阻止したフランス政府

フランス水メジャーの1社スエズ・エンバイロメントは，1880年にフランスで設立されたソシエテ・リヨネーズ・デゾー（La Société Lyonnaise des Eaux）が母体のフランスでも歴史のある企業の一つだ。フランス・パリに本社を置き，水道事業および廃棄物処理を手掛ける多国籍企業である。

1997年にスエズ（Compagnie financière de Suez）と合併してスエズ・リヨネーズ・デゾー（Suez Lyonnaise des Eaux）となって以来，社名に"スエズ"という名が使われるようになったが，リヨネーズ・デゾーとよばれた時代の方がはるかに長い。

スエズは1858年にスエズ運河の運営を行うために設立された会社であったが，1956年のエジプトによるスエズ運河国有化後は，金融分野を中心にコングロマ

リット化を進めた。

合併以降，スエズ・リヨネーズ・デゾーは，電力，輸送，上下水道，廃棄物処理事業への多角化戦略を推進したことはよく知られているが，2006年2月にイタリアの電力大手エネルによる買収の動きを受けると，フランス中に衝撃が走った。ド・ヴィルパン首相は直ちにその阻止を目的として，フランスガス公社（GDF）との合併を発表した。フランス国内の上下水道サービスは，スエズ，ヴェオリア，ソーの3社（2強＋1）寡占状態であり，2強のうち1社が外国企業に買収されることはあまりにも国内事業に対する影響が大きすぎるため，フランス政府が介入，阻止せざるを得なかったといえる。

GDFはフランス電力公社（EDF）とともに，政府が70％以上の株式を保有する国有企業としてエネルギー政策を推進してきた。そのため，スエズとGDFの合併は政府保有株式比率を下げる法律改正を経て，2008年に「GDFスエズ」として生まれ変わった。現在GDFスエズは，EDFに次ぐヨーロッパ第二のエネルギー企業となり，政府の保有する株式比率は35％となっている。

一方，この過程において，上下水道事業と廃棄物処理部門が，GDFスエズから分割された。両部門は「スエズ・エンバイロメント（SUEZ ENVIRONMENT）」として会社分割され，現在，ユーロネクスト・パリおよびニューヨーク証券取引所に株式上場している。2008年度のスエズ・エンバイロメントの連結売上は，約123.6億ユーロ，従業員数は約65,400人である。

同社のこれまでの事業展開の沿革を表2.9にまとめる。

なお，GDFがスエズ・エンバイロメントと合併した際，フランス政府はフランス政府が所有するGDF株式資本のうち，普通株式1株を黄金株1株に変更する政令（2007年12月20日政令第2007-1790号）を制定した。その結果，GDFスエズの資本中に政府により黄金株が所有されることとなった。

当該黄金株の目的は，継続的かつ安全なエネルギー供給を維持するため，エネルギー分野におけるフランス政府の重要な利益を保護することである。黄金株は外資規制令の規定する以下の特定資産に対する直接・間接的な事業の譲渡，譲渡担保としての供与，または使用目的の変更を仏政府が規制するものである。GDFによる決定に対し，それが継続的かつ安全なエネルギー供給を維持する観点からフランスの重要な利益に反すると認める場合，フランス政府による拒否権

表 2.9 スエズ・エンバイロメントの事業展開沿革

年 代	主な事業展開
1880 年	カンヌにおいてリヨネーズ・デゾー設立
1919 年	パリに廃棄物収集を手掛ける SITA を設立
1939 年	パリに水処理エンジニアリングを手掛けるデグレモンを設立
1948 年	エジプトで初の浄水施設をデグレモンが建設
1960 年	SITA，パリ周辺で業務拡大
1975 年	サウジアラビア・リアド市で初の海水淡水化施設を建設
1989 年	SITA，マレーシア，香港をはじめアジアに事業展開
1992 年	アルゼンチン・ブエノスアイレスで上下水道民営化事業進出 中国に中法水務を設立・進出
1997 年	スエズを合併し，スエズ・リヨネーズ・デゾーとなる フィリピン・マニラで上下水道コンセッション契約受注
2001 年	スエズ・リヨネーズ・デゾーを「スエズ・エンバイロメント」と名称変更
2002 年	エネルギー，水，廃棄物事業など全事業をスエズ社名で展開
2006 年	イタリア・エネルによるスエズ買収の動き
2008 年	スエズはフランスガス公社（GDF）に吸収合併され，GDF スエズとなる。 水および廃棄物事業は，新規にスエズ・エンバイロメントとして分割され株式公開される

が確保されている．

・フランス国内の天然ガスの伝達および分配パイプ
・フランス国内の天然ガス分配に関する資産
・フランス国内の地下の天然ガス保管施設
・フランス国内の液化天然ガス施設

2.2.6 フランス国内における競争促進の動き

本節の最後に，寡占3社による関与度合いが高い上下水道分野において，適正な競争が行われるよう，契約や事業・経営内容の「透明性」を向上させるためのいくつかの施策が導入されている点について紹介する．

その一つが，1993 年に導入された通称「サパン法（Sapin Law）」である．当時の経済・財務大臣ミシェル・サパン（Michel Sapin）氏の名前に由来している．

それまで地方公共団体と相手方民間企業との間で自由に交渉され，締結されてきた契約行為について，一定の情報公開と競争原理が導入された。

また，1995年には「バルニエ法（Barnier Law）」が導入され，利用者への情報提供を目的として「年次報告の原則」が定められた。上下水道サービスについては，公営，民間委託いずれの場合においても，市町村長または広域事業体の長は，料金およびサービスの質などに関する情報を備えた年次報告を作成しなければならないこととなった。報告書は議会に提出され，その後，一般にも公開される。加えて，民間委託されている場合，受託会社は，各業務別の会計，提供したサービスの質の分析，および公衆サービスの実施状況とともに，契約内容が十分に履行されているかを示す年次報告を提出しなければならない。

さらに，2007年に公布された政令により，事業者はその年次報告書において，業務指標（performance indicator）を公表することが義務づけられた。これには，二つの目的がある。一つは，持続可能な発展のための環境，経済，および社会という3分野に関して，「業務指標」を用いて追跡することにより，サービスの質を向上させることである。もう一つは，上下水道料金およびサービス内容について，より詳細な説明責任を導入することにより，情報公開を徹底することである。「業務指標」は上水道，下水道それぞれを説明するために用いられるものあり，たとえば上水道サービスでは，水質，サービスの継続性および水源保全についての指標がある。下水道サービスでは，下水放流水質の規制適合レベルや下水道インフラおよびマネジメントに関する知識レベルなどがある。

上下水道事業において長い民間委託の歴史を有すると同時に，国際事業展開を進めるヴェオリア・ウォーター，スエズ・エンバイロメント，ソーといった水メジャーを擁するフランスにおいては，今後も国際的に上下水道分野の官民パートナーシップの推進を支援する政策が継続されると思われる。その一方で，国内の寡占状況から生じる弊害を改善するための情報公開および競争促進に向けた取組みは，今後もさらに強化されるものと思われる。

Topic　フランスおよび各国の外資規制

　外資系企業による対内直接投資は優れた経営資源や高い生産性をもたらし，自国経済や地域経済を活性化させる効果がある。しかし一方では，その所得が海外に流出する割合が高く，雇用調整を伴う懸念もある。また，技術力や研究開発力の海外流出を招き，国益を損なうとの問題も指摘されている。

　近年，先進各国に共通する傾向は，海外からの直接投資は国内経済にとって歓迎すべきものであるという考え方であろう。一部の例外を除いては対内直接投資を規制すべきではないという方向に向かっている。経済活動のグローバル化，ボーダーレス化が進むなか，国際的には経済的理由によって外資規制をすることは，自国企業の国際市場での活動にマイナスであるとの認識が浸透しているかにみえる。

　しかしその一方で，各国とも原則自由の例外としていくつかの重要分野においては外資を規制している。一つは，国家安全保障上の理由による外資規制である。もう一つは，公益性の高い分野，つまり公益事業などを対象とする外資規制である。

　経済協力開発機構（OECD）が定める「資本移動自由化コード」では，加盟国に対し，武器，航空機，原子力，宇宙開発，電気，ガス，熱供給，通信，放送，鉄道などの安全保障関連業種について，投資規制を導入することが認められている。これ以外の業種について各国固有の事情から規制を行う場合には，OECDに留保業種として届ける必要があるとされている。フランスは，農業，水運輸業，航空運輸業において，OECD資本移動自由化コードについて留保を表明している。

　OECDの資本移動自由化コードをベースとして，フランスは独自に外国からの対内投資を規制する「通貨金融法典（Code monétaire et financier：英文ではMonetary and Financial Code）」と個別業種規制を導入している。

　「通貨金融法典」の基本原則は，フランスと外国との間の金融取引は無制限である。ただし，国益の維持の目的で外国為替取引，資本取引を申告，許可，検査の対象にすることができるとしている。また，経済財政産業大臣は外国投資家がフランスでの活動が公共秩序，公衆衛生，治安・防衛の行使に影響を及ぼす場合，取引の中止，変更を命令することができるとしている。これらの原

則に基づきとして、フランス財務当局（Direction du Trésor）に対する行政上の届出（declaration administrative）の提出が要求され、例外的に個別の当局の事前承認が要求される。外国会社がフランス会社の株式（議決権）の33.3％を直接または間接的に所有する株式取得は、通常、上記届出の対象となる。

個別の当局の事前承認が要求される場合として、防衛、テロ、マネーロンダリングなどに係わる4セクター11業種に対する外国投資家によるフランス企業の33.3％以上の株式取得を規制対象としている。4セクターとは、① 防衛、② マネーロンダリング、③ 有毒性化学物質製造（テロに利用可能）、④ 機密情報（暗号技術）であり、11業種とは、① 賭博、② 民間警備活動、③ 有毒化学物質対処の研究、開発、製造、④ 盗聴機器、⑤ ITセキュリティ評価、認証、⑥ 防衛施設管理、⑦ 軍事、民生両用（dual use）財、技術、⑧ 暗号技術、⑨ 国防機密、⑩ 武器、⑪ 国防省との取引である。

フランスにおいて、上下水道事業に関する明文化された外資規制は見当たらないが、電力、輸送、上下水道、廃棄物処理を手掛けていたスエズ・エンバイロメントは、ヴェオリア・ウォーターと並びフランス国内における2大上下水道事業運営の1社であり、イタリア企業に買収されるにはあまりにも巨大すぎて、フランス経済に及ぼす影響が甚大であったため、フランス政府は介入せざるを得なかったといえよう。

参考までに、各国の外資規制制度の概要について、21世紀政策研究所の研究プロジェクト「企業価値向上のための外資活用策」中間報告要旨（2008年11月）より許可を得て、表2.10に転載する。

2.3 スペインの水ビジネス戦略──フランスの影響を受けつつ、民営化が進む

日本の水道産業にとって馴染みが少ないが、世界を見渡すと、イギリス、フランスと並び上下水道事業に関してはPPPがもっとも伸展している国の一つがスペインである。海水淡水化施設導入が進んでいることも特徴である。以下に国家戦略（計画）および主要企業の概要をまとめる。

2.3 スペインの水ビジネス戦略—フランスの影響を受けつつ，民営化が進む　49

表 2.10　各国の外資規制制度

	日 本	米 国	イギリス	フランス	ドイツ
法律	・外為法（2007年規制見直し）	・国防生産法（エクソン・フロリオ条項，2007年改正）	・企業法（2002年改正）	・通貨金融法典（2005年改正）	・対外貿易決済法（2004年改正）
所管	・財務大臣および所管大臣	・大統領 ・対米外国投資委員会（CFIUS）	・貿易産業省	・経済財政産業省	・経済労働省
規制の理由	・安全の保障，公衆の安全，秩序維持，経済の円滑な運営	・安全保障	・公衆の利益	・秩序維持，公衆の安全，国家防衛	・安全保障上の利益
業種の特定	あり．武器，航空機，宇宙開発，原発など（*2：上下水道業は含まれない）	なし	なし	あり．戦略11産業（軍民両用技術，武器など） *2：上下水道業は含まれない	あり．戦争武器，暗号システムなど
対象取引	・上場企業の10%以上の株式取得	・米国企業の支配権を実行する外国企業が安全に脅威を与える可能性がある場合（投資目的に限定して議決権の10%以下を取得するケースは除く）	・すべての買収合併	①フランス企業の支配権（議決権の過半数）を取得 ②フランス企業の支店を取得 ③議決権の1/3以上を取得（非EU企業の場合のみ）	・25%以上の株式取得
届出義務	・あり．事前届出方式	・なし．事後規制方式	・あり．事前届出方式	・あり．事前届出方式	・あり．事前届出方式
審査期間	・30日（最大5ヶ月） ・事前相談を受け付け	・予備審査（review）：30日 ・本館調査（investigation）：45日*1 ・事前に非公式な協議が行われることが多い	・6ヶ月（通常は30日） ・（とくに防衛関連の案件では）事前に非公式な協議が行われることが多い	・60日 ・事前に非公式な協議が行われることが多い	・30日 ・事前に非公式な協議が行われることが多い
否認の実績	・審査件数：約760件 ・否認（中止命令）：1日（TIC→Jパワー社） 注：過去3年間	・予備審査：1,604件*1 ・本館調査：25件（CFIUSと合意できない場合は自主的に撤回されることが多い） ・大統領への報告：12件 ・否認（売却命令）：1件（中国CATIC→MAMCO社，1990年）	・否認（介入重要通知）：6件（いずれも軍事計画に関わる機密情報保持のため） 注：同法発行（2003年）以来	・否認：なし 注：同法発行（2005年12月）以来	・審査件数：11件 ・否認：なし 注：同法発効（2004年7月）以降
動向・特色	・ユノカル買収事件等を契機に法改正 ・外国政府が関わる取引に特別な措置		・おもに競争促進・独占禁止を意図するため，英国企業による買収も対象となり得る	・ダノン買収事件における外国政府の買収企業に法令改正 ・買収企業の保有比率を考慮することも検討	・HDW買収事件を契機に法令改正

*1 同法発効（1988年）以来．2006年3月時点．
経済産業省，米国会計検査院等に基づき大和総研作成（*2のみ著者が新規に付け加えた）．
21世紀政策研究所，「企業価値向上のための外資活用策」中間報告委員会（2008）．

2.3.1 流域単位の水資源管理が導入される

スペインはフランスおよびポルトガルと国境を接し，またジブラルタル海峡を経て，北アフリカのモロッコやアルジェリアとも近い。国土面積は日本の約1.3倍の約50.6万km^{2}で，2009年1月現在の人口は約4,666万人である。

環境省が水資源の管理を行い，健康省が飲料水質の管理を行っている。これらに加えて，1985年に水法 (1985 Water Law) が施行され，流域庁 (Basin Agency) が流域単位での水循環を総合的に統括している。現在は15の流域庁が，ダムなどの流域水資源管理のための計画，建設，維持管理，河川・湖沼などの水質基準設定・モニタリング，水利権管理などを行っている。

2.3.2 干ばつ対策，海水淡水化を進める

スペインでは，度重なる干ばつによる水不足に対応するため，2001年に国家水理計画 (The National Hydrological Plan) を作成し，スペイン北東部を流れるエブロ川の水をカタルーニャ州からアンダルシア州までの地中海沿岸各都市まで送水するという計画（通称，エブロ水輸送計画）を作成し実行した。異なる流域間で水を輸送するものであったが，費用および流域環境保全の観点などから，2004年にこの計画を見直し，現在は以下に示す計画を実施している。

① A.G.U.A (Actuaciones para ia Gestion y Utilizacion del agua：Meacure for management and Use of Water) プログラム：新たな水源を開発することを目的として，海水淡水化能力を2010年の5億m^{3}から2015年に12億m^{3}に増大すること，および再利用能力を4億m^{3}から12億m^{3}に増大することを計画している。投資額は，約39億ユーロ。

② P.N.M.R (Plan Nacional de Modernization de Regadios：National Plan for Irrigation Improvement) プログラム：灌漑用水の効率向上を目的として，約160億ユーロの投資を計画している。

③ P.N.C.A (Plan Nacional de Calidad de las Aguas：National Water Quality Plan)：EU飲料水指令への適合を目的に，小規模都市および農村部における水道インフラ整備を推進するために2007年から2015年までに約190億ユーロの投資を計画している。

2.3 スペインの水ビジネス戦略—フランスの影響を受けつつ，民営化が進む   51

このうち，A.G.U.A プログラムにおいて進める海水淡水化に関しては，スペインは，サウジアラビア，アラブ首長国連邦（UAE），米国と並び，もっとも導入が進む国の一つである。

2.3.3 進む PPP—大手民間企業による海外進出

スペインの地方自治制度は，かつては県（provincia）が1級行政単位だったが，1978年憲法で自治州制度が導入され，1979年から1983年までの間に17自治州（comunidad autónoma）が，1995年に二つの自治都市が設置されて今日に至っている。現在は，17自治州下に50県があり，県は8,111のムニシピオ（municipio）から構成されている。州によっては県とムニシピオの間にコマルカ（comarca）が設置されている。

水道および下水道サービスの責任を負っているのはムニシピオであるが，ムニシピオが直接あるいは公社を設立してサービスを提供する以外に，民間会社への委託も進んでいる。OECD の報告書"Infrastructure to 2030 VOLUME 2 MAPPING POLICY FOR ELECTRICITY,WATER AND TRANSPORT"によれば，2005年時点において，上水道に関しては人口の45％，下水道に関しては52％（Sources：Pinsent Masons, 2006. と注釈）が，民間企業によるサービスを受けていると報告されている。

国際的な事業展開をしているスペインの民間企業の代表としては，「アグバル（Agbar）」と，FCC グループの「アクアリア（Aqualia）」がある。以下に説明する。

　a．アグバル・グループ（Agbar Group）

ホールディング・カンパニーのアグアス・バルセロナ（Sociedad General de Aguas de Barcelona, S.A）傘下に150社を有する水・環境事業，ヘルスケアを展開する企業である。

バルセロナ近隣の市町村に水道供給を行うカンパニー・デゾー・ド・バルセロナ（Compagnie des Eaux de Barcelone）として1867年に設立された。その後，1881年にフランス資本により一時買収されたが，1919年にスペイン資本により買い戻されてソシエテ・ジェネラル・デ・アグアス・デ・バルセロナ（General de Aguas de Barcelona）と社名変更した。その後，数々のグループ会社設立や他

企業買収を経て 1985 年にホールディング会社化され，1992 年にはヘルスケア事業にも進出した。1999 年にチリの首都サンティアゴの水道民営化会社 EMOS［現アグアス・アンディナス（Agas Andinas）］に出資，参入している。2008 年 1 月に仏スエズ・エンバイロメントとスペインの投資会社クライテリア・カイサコープ（Criteria Caixa Corp）による TOB（株式公開買い付け）が成立し，非公開会社となっている。2010 年 6 月時点の株主構成は，スエズ・エンバイロメントとクライテリア・カイサコープの合弁会社 Hisusa Holding de Infraestructuras y Servicios, S.A. が 73.11％，スエズ・エンバイロメント現地会社 Suez Environment España, S.L. が 25.93％，その他 0.96％となっている。実質的には，スエズ・エンバイロメントの傘下にある。

同社ホームページによれば，現在，スペイン国内では，人口 1,000 人の農村から 300 万人の都市まで約 1,000 市町村を対象に 1,900 万人に対して，上下水道サービスを提供している。国外では，前述のチリをはじめ，アルジェリア，イギリス，キューバ，コロンビア，メキシコ，中国に進出しており，約 100 市町村 1,000 万人に対する給水サービスを提供しているという。

2008 年度のグループ連結売上は，3,108.2 百万ユーロ（1 ユーロ 110 円換算で 3,419 億円），うち水・環境関連事業が 1,770.7 百万ユーロ（同，約 1,948 億円），ヘルスケア関連事業が 1,337.4 百万ユーロ（同，約 1,471 億円）となっている。グループ全体で従業員 20,360 名を有し，うち水・環境関連事業が 15,657 名，ヘルスケア関連事業が 4,703 名となっている。

b．FCC

1992 年に Construcciones y Contratas と Fomento de Obras y Construcciones が合併してできた公共サービスを展開する企業である。廃棄物管理，大規模インフラ建設，セメント製造，電力供給などを広く手がけ，欧州，米国を中心に 54 ヵ国で事業を展開している。2009 年度のグループ連結売上は，127 億ユーロ（1 ユーロ 110 円換算で，約 1 兆 3,970 億円），従業員は 92,324 名である。

上下水道サービスに関しては，グループ企業として，オペレーション会社「アクアリア（aqualia）」およびエンジニアリング会社「アクアリア・インフラストラクトラス（aqualia infraestructuras）」を有している。オペレーション会社のア

クアリアは，自社ホームページにおいて，スペイン国内の民営化市場の34%のシェアを占めていると発表している。またスペイン外では，2007年にイタリア・シシリー島カルタニセッタ市からの30年間の水道コンセッション契約や，2005年にアルジェリアにおける海水淡水化施設建設を受注するなど，イタリア，ポルトガル，アルジェリア，メキシコ，チェコ，ポーランドなどで事業を展開しており，世界850都市，約2,300万人に対して上下水道サービスを提供しているとしている。2007年度のアクアリアの売上は約850百万ユーロ（1ユーロ110円換算で約935億円），7,000名の従業員を有すると公表している。

2.4　新たな勢力—巨大グローバル企業

これまで，イギリス，フランス，スペインなど民営化が進む国の企業が，自国内で培った技術，経験，ノウハウ，そして資本を元に，国際市場に進出する動きを紹介した。そうした，いわば「民営化先進国の水メジャー」とは別に，グローバルな水ビジネス市場で存在感を高めているもう一つの勢力がある。

それは，ゼネラル・エレクトリック（GE）やシーメンスといったコングロマリット経営を展開する巨大グローバル企業である。それぞれ本社は米国，ドイツにあるが，いずれも本国の上下水道は公営による事業運営が主であり民営化率は低い。しかし，企業自らの巨大な資本力とグローバルに張り巡らした情報網を武器に，世界のあらゆる地域において，さまざまな事業に進出している。

「資本力」，「マネジメント力」，「技術力」，「情報ネットワーク力」，「政治力」をもち合わせた企業であり，国策にも影響を及ぼす力をもっている。事業内容は電力・エネルギー，道路，鉄道，をはじめとする総合インフラ整備から金融サービスまで幅広い。これらの企業は，「21世紀は水の世紀」といわれるなか，国境を超え世界各国の水ビジネスにも進出し始めている。現状，水ビジネスに関しては，装置，エンジニアリングが主体であるが，今後「事業運営」に進出する可能性も大いに秘めている。

GEおよびシーメンスの事業展開については，前著『水ビジネスの現状と展望』において解説したので，ここでは会社概要を再掲載するにとどめる。事業内容や財務データなどの詳細は前著を参照されたい。

a. ゼネラル・エレクトリック

ゼネラル・エレクトリック（GE）は，世界最大のコングロマリット（複合企業体）として知られ，2008年の連結売上高は1,830億ドルである。世界100ヵ国以上において，インフラストラクチャー，金融，メディアといった多様な事業ポートフォリオを展開し，20万人の従業員を抱える。本社は米国コネチカット州にあり，ダウ平均株価の構成銘柄のうち，1896年以来，唯一残存している企業でもある。

エネルギー（17％）とテクノロジー（25％）を合わせたインフラストラクチャー部門（42％）および金融部門（39％）の売上比率が，それぞれ全体の約4割を占めていることが特徴である。金融部門が稼ぎ出す豊富な資金力を武器に，インフラ部門への積極的な事業投資を展開し，売上を伸ばしていることが窺える。

GEでは"Imagination at work"（想像をカタチにするチカラ）というコーポレートスローガンのもとに事業を展開し，成長戦略や企業文化を構築しており，2005年5月に次世代に向けた新しいイニシアティブ（施策）として「エコマジネーション（ecomagination）」を発表している。エコマジネーションは「エコロジー（ecology）」と「イマジネーション（imagination）」を融合した造語だ。GEの顧客が環境や財務に関する課題に取り組むための支援を行うと同時に，GEの収益を拡大するため想像力を駆使し革新的な技術を構築していくことを意味する。

同社「2008エコマジネーション・レポート」によると，この成長戦略を達成するために，「2010年にR&D投資額を15億ドルに倍増」，「2010年にエコマジネーション関連製品の売上を250億ドルに拡大」，「2012年に水の絶対消費量を20％削減」，「GHG（温室効果ガス）の絶対排出量を1％削減」することなどを目標として掲げている。

b. シーメンス

シーメンスは，ドイツのミュンヘンおよびベルリンに本社を置く多国籍企業である。世界190ヵ国に拠点をもち，従業員数43万人の7割がドイツ以外の国で働いている。2008年の連結売上高は773億ユーロ，純利益は59億ユーロ（うち継続事業からの純利益は186億ユーロ）という巨大企業である。

設立は1847年に遡る。ヴェルナー・フォン・ジーメンス（Werner von

Siemens) によってベルリンに創業された電信機製造会社ジーメンス・ウント・ハルスケ（Telegraphen-Bauanstalt von Siemens & Halske）に端を発する。1880年頃から買収・提携などにより事業領域を電気機器製造，エンジニアリングへと拡大した。第一次世界大戦によって4割近い事業資産を失ったが，1920～1930年にかけてラジオ，テレビなど家電製品を手掛け，生産プロセスを合理化するなどして事業を再拡大し，第二次世界大戦中は電気電子部品の生産などで軍需を支えた。戦後は，経済発展に乗りコンピューターや医療機器も手掛け，現在では情報通信，電力関連，交通，医療，防衛，生産設備，家電製品などの分野で製造およびシステム・ソリューション事業を幅広く手がけるコングロマリットへと成長を遂げている。

近年，シーメンスは「Fit4 2010」という中期経営計画を推し進めている。これは企業規模をGDPの2倍の速度で成長させるとともに，2010年までに使用資本利益率（return on capital enployed：ROCE）を14～16%にすることを目標に掲げるものだ。事業領域は，「インダストリー」，「エネルギー」，「ヘルスケア」の3セクター，15部門に再構築している。水ビジネスはインダストリー・セクターに位置づけられている。2004年には，ヴェオリア・ウォーター傘下にあった米水処理エンジニアリング大手のUSフィルター社を99,300万米ドルで買い取り，2006年よりシーメンス・ウォーター・テクノロジーと社名変更し，現在，北米を拠点として国際的な事業展開を図っている。

3
急速に力をつけるアジアの国々と企業の戦略

前章では，すでにPPPを国内で普及させ，その経験とノウハウを武器に国際展開を進める，イギリス，フランス，スペインの戦略と企業について述べたが，本章では，最近数年間で国家戦略としてPPP導入を進めることにより国内民間企業を育成し，海外にも進出しつつあるシンガポールと韓国にスポットを当て，その国家戦略と中心的企業について解説する。

3.1 シンガポール共和国―国を挙げて水産業育成に取り組む

3.1.1 概　要

シンガポールはマレー半島の最南端に位置するシンガポール島と周辺島嶼を領土とする国家である。1819年にイギリスの植民地となり，1963年にマラヤおよびボルネオの一部が合併してマレーシアが建国する際に加盟した。その2年後の1965年にマレーシアから分離独立し，現在に至っている。国土面積は707 km^{3}であり，東京都23区面積（621 km^3）と同程度である。人口は470万人余りである。

資源がほとんどなく，内需も限定されているため，金融立国を目指すとともに，国を挙げて航空や海運のハブ化，通信・バイオテクノロジーなど先端技術の育成に力を入れるなど，頭脳を使った経済のグローバル化戦略を進めている。現在，シンガポール証券取引所（SGX）において，時価総額が大きくもっとも活発に取引される銘柄で構成される調整時価総額加重平均指数である「シンガポールST（ストレートタイムズ）指数（わが国のTOPIXに相当する）」に登録されている企業をみれば，そのことが如実に現れている（表3.1）。

表 3.1　シンガポールストレートタイムズ指数の上位 10 銘柄

企業名	セクター	ウエイト
ユナイテッド・オーバーシーズ銀行	金融	12.00%
シンガポールテレコム	通信	12.00%
DBS GROUP HOLDINGS	金融	11.80%
OVERSEA-CHINESE BANKING	金融	11.00%
KEPPEL（ケッペル）	機械	4.90%
WILMAR INTERNATIONAL	サービス業	4.20%
CAPITALAND	不動産	4.20%
シンガポール航空	航空	4.10%
シンガポール取引所	金融	3.50%
SINGAPORE PRESS HOLDINGS	メディア	3.00%

　また，諸外国との自由貿易協定の締結をはじめ，通信分野を中心とする各種規制緩和，通関，港湾をはじめとする国内インフラの徹底した情報化，電子政府サービスの充実，英語力とITリテラシーのある人材育成なども総合的に実施しており，シンガポールの国際競争力は近年急速に上昇している。

　たとえば，世界経済フォーラム（WEF）が，インフラ，国民の健康，教育など12の項目から世界各国の競争力を割り出して発表した「2010～2011年国際競争力レポート（Global Competitiveness Report）」では，シンガポールは，1位スイス，2位スウェーデンに次ぎ，3位にランキングされている（以下，4位米国，5位ドイツとつづき日本は6位）。また，スイスのビジネススクール「IMD」の「2010年世界競争力年鑑」においても，シンガポールは1位にランクされている（以下，2位香港，3位米国，4位スイス，5位オーストラリアなどがつづき日本は27位）。こうした，代表的な国際競争力ランキングレポートをみても，シンガポールが国際的にいかに魅力のある経済・産業政策を進めているかがわかる。

　以下，シンガポールが近年，強力に推し進めている水ビジネスの国際戦略について解説する。

3.1.2 マレーシアへの依存からの脱却―「四つの蛇口 (Four National Tap)」戦略

シンガポールは山間部が少なく，従前，湖や帯水層など天然の貯水池をもたなかった。そのため，1961年および1962年に，マレーシア・ジョホール州政府との間で，水供給協定（The Johor River Water Agreement of 1961-1962）を締結し，さらに1990年にも1962年協定を補足する協定を締結した。それぞれ2011年と2061年までの間，シンガポールはジョホール州から原水を取水することができるとする一方，ジョホール州はシンガポールが浄水した水の一部を得ることができるとする取決めである。この協定により，シンガポールの飲料水は，ジョホール州の原水を水道管でシンガポール島内の浄水場まで輸送し，そこで浄水処理した後供給されてきた。

しかしその後，2011年および2061年まで原水価格の変更はないと主張するシンガポールと，物価上昇による値上げを主張するマレーシアとの間で，たびたび対立が生じるようになった。そうした背景から，2000年以降シンガポールはマレーシアからの輸入に頼らずに水の自給率を高めるよう政策転換した。

現在，シンガポールは「四つの蛇口 (Four National Tap) 戦略」を推進している。「四つの蛇口 (Four National Tap) 戦略」とは，① 貯水池の拡充，② マレーシア・ジョホール州からの水輸入，③「ニューウォーター（NEWater)」とよばれる下水再利用，④ 海水淡水化を組み合せて水の自給率を高める戦略である。

シンガポールにおいて，取水から，浄水，給水，再利用に至る水事業を一手に管理しているのが，環境・水資源省の管轄下にある公益事業庁（Public Utilities Board：PUB）である。以下に，公益事業庁の公表資料をもとに，マレーシア・ジョホール州からの水輸入を除く対策の概要を説明する。

a. 貯水池の拡充

シンガポールは国土が狭いうえに，湖や帯水層など天然の貯水池をもたなかったため，利用できる水として，「雨水」と「汚水」を最大限有効利用する必要があった。「雨水」に関しては，排水溝，水路，河川，および雨水貯水池などを用いて国内17ヵ所の貯水池に蓄えている。2009年に完成したPunggolとSerangoon貯水池，2008年に完成したマリーナ・ベイを堰で仕切り，造成した

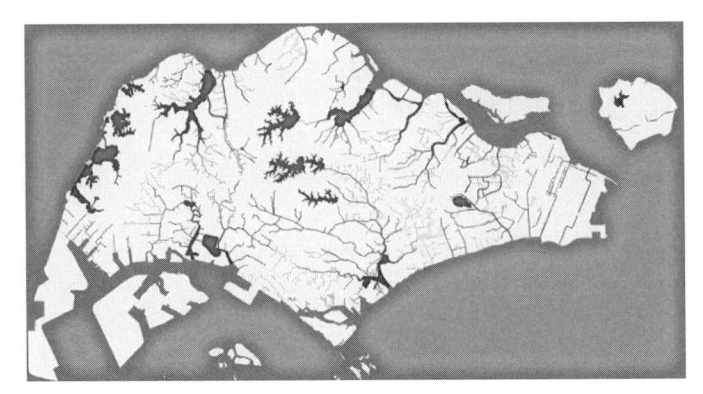

60　3　急速に力をつけるアジアの国々と企業の戦略

図 3.1　シンガポールの貯水池の状況
シンガポール PUB（http://www.pub.gov.sg/water/Pages/default.aspx）。

10,000 ha の広さをもつマリーナ貯水池などを併せると，シンガポール国土の3分の2に相当する面積の雨水を集めることができるようになった（図3.1）。

b. NEWater

「NEWater」は汚水を下水処理したうえに，さらに膜ろ過処理を行うことにより飲用可能なレベルまで浄化して再利用するプロジェクトである。

初の NEWater プラントは，2003年にベドックとクランジにおいて完成し，次いで 2004 年にセレター，2007 年にウル・パンダンに完成した（図3.2参照）。4施設の完成により，シンガポール水需要全体の 15％を NEWater で賄うことができるようになった。さらに 2010 年 5 月には，5番目となる施設容量 50 百万ガロン/日（227,300 m^3/日）を有するチャンギ・プラントが完成し，操業が始まった。現在，稼働する五つの NEWater 施設を合計するとシンガポール水需要全体の 30％を供給することが可能となっている。

NEWater で製造される浄水は WHO の飲用水質を満たしているが，現状のおもな用途は，半導体用ウエハー製造用超純水，発電用ボイラー水，冷却水などで，産業用に利用されている。一部は飲用水としても利用されているが，下水を原水としていることから生じる消費者の心理的抵抗を取り除くため，直接家庭に供給するのではなく，一旦貯水池に戻したうえで，再度，浄水処理を経て各家庭に送水するなどの配慮がなされている。

| ウル・パンダンの NEWater 施設 | セレターの NEWater 施設 |

図 3.2 NEWater 施設の様子
シンガポール PUB（http://www.pub.gov.sg/water/Pages/NEWater.aspx）。

c．海水淡水化

2005年9月，貯水池，マレーシア・ジョホール州からの水輸入，NEWater に次ぐ，四つ目の蛇口戦略として位置づけられるシング・スプリング（Sing Spring）海水淡水化施設がトゥアスに完成した。同施設は，PUB にとって初の PPP プロジェクトとして BOO（building own operating）方式で行われた。同施設では，前処理により海水中の浮遊物質を取り除いた後，逆浸透膜法により塩分が除去され，最後にミネラル分の調整がされたうえで，通常の浄水処理された飲料水などと混合されて供給されている。日量30百万ガロン（$136,400 \mathrm{~m}^3$/日）の水供給が可能である。

3.1.3 シンガポールの水道料金

シンガポールにおいては，政府から独立した組織として，PUB が取水から浄水，給水，下水処理（再利用）に至る上下水道事業を一手に管理していることは前述のとおりである。PUB が公表しているアニュアルレポートおよび財務諸表を元に，主要な事業経営データを編集し直したものを表3.2に示す。一部政府からの補助金があるものの，上下水道事業を独立採算の原則のもとに一体経営を行っている。

次に，PUB 公表によるシンガポールの水道料金体系（2010年11月現在）を表3.3に示す。水道料金は取水，浄水，給配水，汚水収集・再生に要する費用を賄うものであり，料金（tariff），水保護税（water conservation tax），水関連費（waterborne fee），衛生施設費（sanitary appliance fee），および物品サービス税

表 3.2　PUBの主要事業経営データ

	2008/09 12ヵ月	2007/08 12ヵ月	2006/07 15ヵ月	2005/06 12ヵ月	2004/05 12ヵ月
損益計算書主要項目（1,000シンガポール・ドル）					
営業収益（operating income）	932,944	901,890	1,082,006	703,517	549,210
営業費用（operating expense）	(799,196)	(769,264)	(813,956)	(565,931)	(500,294)
営業利益（operating surplus）	133,748	132,626	268,050	137,586	48,916
営業外収支（non-operating surplus）	22,380	167,139	62,376	39,570	97,229
政府補助金（government grant）	180,369	90,243	99,774	119,882	167,514
財務費用（financing expense）	(85,391)	(74,625)	(55,637)	(3,538)	–
税引前利益（surplus before GCF and tax）	251,106	315,383	374,563	293,500	313,659
公租課税（GCF and tax）	(45,012)	(56,215)	(74,841)	(58,916)	(62,657)
税引後利益	206,094	259,168	299,722	234,584	251,002
バランスシート主要項目（1,000シンガポール・ドル）					
総資産	6,629,904	6,518,730	5,594,922	4,514,434	4,155,050
負債	2,573,738	2,668,658	2,004,018	1,223,252	619,453
純資産	4,056,166	3,850,072	3,590,904	3,291,182	3,535,597
従業員数（人）					
PUB	3,099	3,138	3,023	3,013	3,128
PUBC	41	45	40	38	40
SIPL	9				
グループ計	3,149	3,183	3,063	3,051	3,165
顧客アカウント数（件）					
飲料水	1,240,374	1,228,416	1,212,278	1,192,012	1,173,434
NEWater	327	278	92	75	51
再利用水	1,240,374	1,228,416	1,212,278	1,192,064	1,173,462
パフォーマンス指標					
従業員1人あたりのサービスアカウント数（件/人）	400	392	401	396	376
無収水率（unaccounted for water）（％）	4.4	4.4	4.5	4.7	5.2

PUB "TEN-YEAR SUMMARY OF STATICAL DATA" より著者がデータを編集。

3.1 シンガポール共和国—国を挙げて水産業育成に取り組む　　63

表 3.3　シンガポールの水道料金体系

水道料金

料　金カテゴリー	消費量 (m³/月)	料金 ($/m³) [税前]	水保護税[1] (% of 料金) [税前]
家庭用	0〜40 40 以上	1.17 1.4	30 45
非家庭用	All units*[1]	1.17	30
輸送用	All units	1.92	30

料　金カテゴリー	消費量 (m³/月)	水関連費[2] ($/m³) [税前]	水関連費 ($/m³)*[2] [税込]	衛生施設費[2] [税引]	衛生施設費*[2] [税込]
家庭用	All units	0.2803	0.3	$2.8037/月	$3.00/月
非家庭用	All units	0.5607	0.6		
輸送用	All units	−	−	−	−

工業用水料金（含 GST）

料　金カテゴリー	消費量 (m³/月)	料金 (cents/m³)	WCT (% of 料金)	WBF (cents/m³)
工業用水	All units	43	−	−

1. 水保護税
   政府による節水（水保護）メッセージのための課税
2. 水関連費（waterborne fee）と衛生施設費（sanitary appliance fee）
   下水および排水（衛生施設および水道料金）規制に基づいて，排水処理費および下水システムの運転・維持管理費を相殺するために，PUB が法的にチャージする費用
3. 料金／費用
   すべてシンガポールドル表記
4. 物品サービス税（GST）
   物品およびサービス税（現状 7%）

* 1　All units とは消費量によらず一様に適用されるという意味
* 2　物品サービス税込の金額
PUB 掲載データより著者が訳出した
（http://www.pub.gov.sg/general/FactsandFigures/Pages/WaterTariff.aspx）。

(goods and service tax) から構成される。

さて，ここで国際競争力を比較するために，規模的に類似する東京都とシンガポールの水道料金の比較を行ってみよう。

上下水道料金は，各国各都市において補助金の有無，会計制度の違い，料金体系の差などの影響が大きく，一概に同条件での比較はできない（詳細は，小著『水ビジネスの現状と展望　水メジャーの戦略・日本としての課題』第 1 章 4 節を参照されたい）。そうした制約はあることを前提としつつも，やはり一つの目安を示すことは，わが国の水道業界においても意義があると考えている。参考にしていただきたい。

わが国では，1 人 1 日平均水使用量は，300 L 程度であり，これに 1 家族平均人数 2.3 人をかけて，1 家庭の 1 ヵ月の水消費量を求めるとおおよそ 20 m^3 となる。この 20 m^3 に対する上下水道料金を東京都とシンガポールにおいて比較してみる（表 3.4）。

シンガポールでは，表 3.3 より上下水道料金を求めると 41.55 シンガポールドル（税込）となる。1 シンガポールドルを 70 円で換算すると，1 ヵ月で 2,908 円（税込）である。

一方，東京都については，東京都水道局がホームページ上で運営している自動計算サービスを用いた。家庭用水道口径 200mm，使用水量 20 m^3 として 1 ヵ月の料金を計算すると水道料金 2,688 円（消費税込），下水料金 1,974 円（同税込）であり，上下水道料金合計は 4,662 円（同税込）である。

総務省統計局統計データ『世界の統計』第 3 章国民経済計算によれば，2008 年における 1 人あたり名目 GDP は，シンガポール 39,423 米ドルに対して，日本 38,371 米ドルである。また，2008 年の 1 世帯あたり平均所得金額を比較すると，シンガポールは 85,032（7,086/月）シンガポールドル（シンガポール統計局調べ）であり，1 シンガポールドルを 70 円で換算すると，約 595 万円（税込）である。一方，わが国の 2007 年の全世帯の 1 世帯あたり平均所得金額は 547 万 5,000 円（厚生労働省発表）である。つまり，両国の生活レベルにほとんど差はないが，上下水道料金は東京都がシンガポールと比べて 1.6 倍高い。

もう一つ別に，「事業経営」の観点からのシンガポールと日本の比較も行って

表 3.4 シンガポールと東京都の水道料金比較結果（2010 年 11 月現在）

前提条件

1日水消費量	0.3 m³/日
1家族人数	2.3 人/戸
1ヵ月の日数	30.0 日/月
1ヵ月の水使用量	20.0 m³/戸・月
為替	70.0 円/シンガポールドル

シンガポールの水道料金

料金	23.4 シンガポールドル/戸・月
水保護税	7.0 シンガポールドル/戸・月
水関連費	5.6 シンガポールドル/戸・月
衛生施設費	2.8 シンガポールドル/戸・月
合計（GST 前）	38.8 シンガポールドル/戸・月
合計（GST 込）	41.5 シンガポールドル/戸・月
合計（GST 込）	**2,908 円/戸・月**

東京都の水道料金

水道料金(消費税込)	2,688 円/戸・月
下水道料金(消費税込)	1,974 円/戸・月
合計(消費税込)	**4,662 円/戸・月**

みた．

　面積，人口として，比較的似ている横浜市を例にあげる．

　詳細は表 3.5 に示すとおりである．技術的に勝るといわれている日本であるが，消費者の立場からすると「従業員 1 人あたりのサービス対象人口」および「一般家庭使用料（1ヵ月 20 m³ あたり）」ともにシンガポールに軍配があがる．もちろん，シンガポールの水道水は飲用可能だ．

　両者ともに補助金（政府補助金や一般会計補助金など）が投入されている点などにおいて完全な Apple to Apple の比較にはならない点は繰り返し申し上げておくが，両国の事業経営比較において一定の目安とはなろう．

3.1.4 国家戦略「グローバル・ハイドロ・ハブ構想」

　シンガポール政府は「水ビジネス」を成長産業と位置づけ，水ビジネスの研究・開発，エンジニアリング，製造の拠点となる「グローバル・ハイドロ・ハブ (Global Hydro Hub) 構想」を策定している．2015 年までに世界の水市場の 3%

表 3.5 シンガポールと横浜の事業経営比較

	横浜市		シンガポール
概　況			
面積（km^2）	437		707
人口（万人）	365		467
1人あたり名目 GDP[*1]（米ドル）	38,371		39,423
水道普及率（％）	100		100
下水道普及率（％）	99.8		100
損益計算書主要項目（百万円）[*2]	水道	下水道	
営業収益（operating income）	79,919	官庁会計のためデータなし	65,306
営業費用（operating expense）	(71,085)		(55,944)
営業利益（operating surplus）	8,834	〃	9,362
その他利益（non-operating surplus）[*3]	(758)	〃	8,215
うち補助金（government grant）[*4]	424	〃	12,626
税引前利益（surplus before GCF and tax）	8,076	〃	17,577
公租課税（GCF and tax）	N.A.	〃	(3,151)
税引後利益	N.A.	〃	14,427
バランスシート主要項目	水道	下水道	
総資産	592,738		464,093
負債[*5]	223,239		180,162
純資産[*5]	369,500		283,932
職員数	水道	下水道	
職員数	1,836	929	3,149
計	2,765		3,149
パフォーマンス指標	水道	下水道	
従業員1人あたりのサービス対象人口	1,320		1,483
無収水率（unaccounted for water）％	8.0		4.4
一般家庭使用料（1ヵ月20 m^{3}あたり）[*6]	1839	1,407	2,908
	3,246		

横浜市水道に関しては，横浜市「平成21年度横浜市水道事業概要　第4章水道財政のあらまし」に掲載されている財務諸表平成20年度数字を用いた。
横浜市下水道に関しては，「平成20年度下水道事業経営指標・下水道使用料の概要」に記載されいる数字を用いた。
シンガポールに関しては，表3.2の2008/09数字を用いた（オリジナルはPUB "TEN-YEAR SUMMARY OF STATICAL DATA"）

[*1] 総務省統計局統計データ「世界の統計　第3章国民経済計算」記載の2008年度データを用いた。横浜市は，日本の1人あたり GDP 数値を用いた。
[*2] 2008年1月～12月の平均的為替相場として1シンガポールドル＝70円として計算した
[*3] 営業以外の利益をすべて集計したもの。横浜市は，営業外収益－営業外費用＋特別利益として算出した。シンガポールは営業外収支（Non-operating Surplus）＋政府補助金（Government Grant）－財務費用として計算した。
[*4] 横浜市の場合，国庫補助金，一般会計補助金，造林補助金の合計値を記載した。
[*5] 日本の公営企業会計では，建設改良財源としての企業債（地方債）を「借入資本金」として「資本」に参入するが，ここでは PUB との比較のために，「負債」として計算しなおした。
[*6] 横浜市は，横浜市水道局ホームページの水道料金・下水道使用料自動計算表を用いた（http://www.city.yokohama.jp/me/suidou/os/ryokin/keisan.html）。

のシェアを獲得することが目標だ。

グローバル市場で競争力を維持し，環境・水問題のソリューション拠点としての地位を確立するため，政府は 2006 年，R&D 事業に 5 年間で 3 億 3,000 万 SGD（シンガポールドル）を拠出すると発表した。また，国内の環境・水関連産業の成長を牽引する目的で，「環境・水産業開発評議会（Environment and Water Industry Development Council：EWI）」を環境水資源省（MEWR）の傘下に設置した。

EWI は目標として，水分野への GDP 貢献額を 2003 年の 0.3%（5 億 SGD）から 2015 年までに GDP の 0.6%（17 億 SGD）に引き上げることを掲げている。海外企業の誘致も EWI の重要な役目であり，シンガポールに R&D や製造拠点あるいは地域統括本部を設置するよう大手水関連企業に働きかけている。また，国内企業や研究施設の育成にも力を入れ，域内，世界の水市場で他企業と互角に最先端技術を開発できるよう支援している。シンガポールの技術・能力を，中東や中国といった成長市場に輸出する方針を打ち出している。

3.1.5 急成長を遂げる企業「ハイフラックス」

国策として水ビジネスの育成を進めるシンガポールにおいて，急成長しているのが「ハイフラックス (Hyflux Ltd.)」である。3.1.2 項の NEWater で記した Bedok や Seletar における施設建設，海水淡水化の項で述べたトゥアス海水淡水化プラントの建設・運転管理を受注したのも，同社および同社子会社であるシング・スプリング（Sing Spring）である。

水メジャーの両雄，フランスのヴェオリア・ウォーターやスエズ・エンバイロメントのように 150 年の歴史をもつ企業とは異なり，ハイフラックスの設立は 1989 年と新しい。とりわけ成長を遂げたのは，最近 10 年間のことである。2009 年度売上は，524.8 百万シンガポールドル（1 シンガポールドル＝ 68.8 円換算で，約 361 億円）である。知名度と比較すると，売上規模としては，やや小さいかもしれないが，成長率には目を瞠るものがある（後述の表 3.6，図 3.2 に示す）。

ハイフラックスの設立から今日に至る成長の足跡を追ってみよう。

創設者のオリビア・ラム氏が，シンガポール国立大学を卒業後，グラクソ・フ

ァーマシューティカルで化学者として3年間勤務した後，ハイフラックスの前進となるハイドロケム（Hydrochem Pte Ltd.）を設立したのは1989年のことだ。シンガポール，マレーシア，インドネシアで水処理システムの販売を手掛けた。5年後の1994年には中国にも販売を始めている。1997年にシンガポール国内で排水リサイクル施設の建設を手掛け，1999年には自社技術として水処理膜の製造を始めた。2001年1月にはシンガポール証券取引所（SGX）の新興企業向け市場 SESDAQ（現 Catalyst）に上場した。同年12月には，シンガポールが国家政策として推進した下水処理水を飲料水に再利用する「NEWater」プロジェクトの5施設中の1施設（Bedok）の建設工事を受注すると，つづく2002年12月にはNEWater二つ目の施設（Seletar）における設計・建設工事も受注した。2003年1月には，シンガポール初のRO膜による海水淡水化施設の建設工事を受注。2003年4月にはSGX一部市場（SGX Main Board）に上場を果たすと，翌2004年には中東市場にも進出した。また，同年6月には中国天津市における同国最大規模の海水淡水化施設の建設工事を受注した。この頃になると，ハイフラックスの業績向上とともに，オリビア・ラム氏はビジネス紙のビジネス部門賞（2005年アジア版フォーブス紙 "Best Under A Billion Company"，2006年日経アジア賞・経済発展部門など）を受賞するなどして，一躍脚光を浴びるようになった。2006年10月に，アルジェリア Tremcen における逆浸透膜法による海水淡水化施設建設工事を受注。2008年には世界最大級となるアルジェリア Magtaa における海水淡水化施設の建設工事も受注した。いまや「時代の寵児」の一人ともいえる。以下では，ハイフラックスの業績についてさらに詳しく分析する。

a．ハイフラックスの業績

2009年アニュアルレポートによれば，2009年度の売上高は前述のとおり524.8百万シンガポールドル（1シンガポールドル＝70円換算で，約367億円）であるが，売上高税引後利益率は14.2%（＝74,291/524,814）と非常に高い。2005年以降は，37.5%（2005年度），10.8%（2006年度），19.0%（2007年度），11.2%（2008年度）と非常に高い利益率を維持し成長している。5%以下の利益率が多いわが国の水処理企業からすると驚異的な数字だ（表3.6）。

表 3.6 ハイフラックスの業績推移

(単位：1,000 シンガポールドル)

	2005 年度	2006 年度	2007 年度	2008 年度	2009 年度
売上高	131,504	142,379	192,786	554,224	524,814
税引前利益	50,374	20,178	38,693	70,375	82,972
税引後利益	49,303	15,357	36,645	62,218	74,291
利益率（税引後利益/売上高）(%)	37.5	10.8	19.0	11.2	14.2
自己資本	189,563	199,601	239,772	297,547	365,244
総資産	401,087	443,398	549,500	846,555	1,072,563
純資産	197,286	218,066	247,067	307,899	393,402
1株あたり純資産価格（セント）	36.80	38.47	45.70	56.70	69.10
1株あたり利益（EPS）（セント）	9.24	3.00	6.32	11.25	14.26
1株あたり配当（セント）	1.35	1.35	1.89	3.43	5.00
株式資本利益率（ROE）(%)	24.5	7.8	13.7	19.8	20.5

ハイフラックス，"Annual Report 2009" をもとに編集した．

b．成長の鍵は積極的な海外事業展開

同アニュアルレポートによれば，同社世界400ヵ所，1,000施設を手掛けていると記載されているが，内需が限定されるシンガポール企業として，当然のことながら「成長の鍵」は積極的な海外事業展開にある．

地域別の売上比率データを図3.3に示す．

データは2009年アニュアルレポートからの転載である．図3.3をみれば，シンガポール国内での売上は年々減少している一方，中国およびMENA（Middle East North Africa，中東・北アフリカの略）諸国からの売上が圧倒的な伸び率を示していることがわかる．2009年度の国外売上比率は97.5%（＝13.0/524.8）である．官公需を主とする内需に依存してきた，多くのわが国水処理企業とは大きく異なる．

もう一つ注目すべき点がある．

それは，2005年までは受注額の大半は，設計・調達・建設（EPC）であったのが，ここ数年で施設の運転・維持管理（O&M）受注額が飛躍的に増大している点である．図3.4は同社の受注残高をアニュアルレポートから転載したものである．O&M受注残高は，コンセッション契約などにおいて将来見込まれている

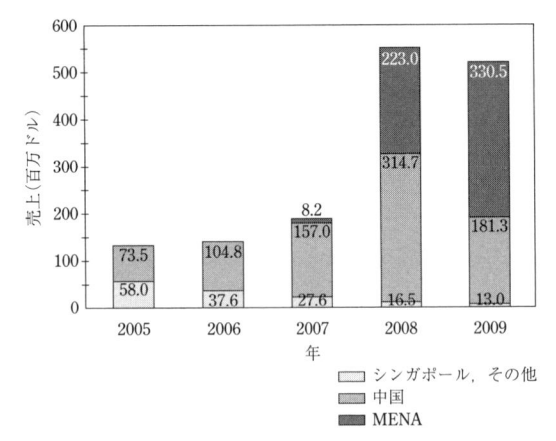

70   3 急速に力をつけるアジアの国々と企業の戦略

図 3.3 ハイフラックス社の地域別売上推移
ハイフラックス，"Annual Report 2009" より転載。

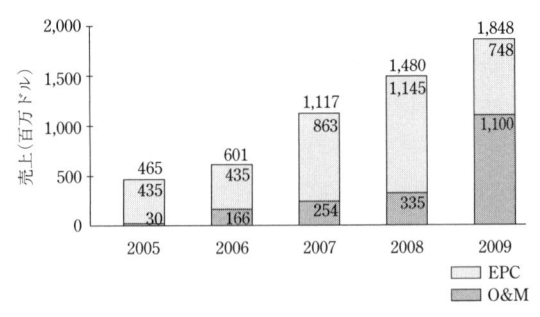

図 3.4 ハイフラックスの売上構成（EPC および O&M）の推移
ハイフラックス，"Annual Report 2009" より転載。

受託額を集計したものと説明されている。年間の売上高とは異なるので注意が必要だが，EPC から O&M に事業の軸足を移していることがよくわかる。

　同社は企業価値として「大胆さ（boldness）」，「起業化精神（entrepreneurship）」，「満足（satisfaction）」，「証明（testimony）」の四つを掲げている。最近では，日本企業との提携や合弁事業も手掛けており，著者は，それらとともに「強かさ」と「柔軟さ」を兼ね添えた企業であるという印象を受ける。

　以下では，ハイフラックス以外に，シンガポールを代表する水ビジネス企業2

社を紹介する。いずれも株式の一部は政府が保有しているが，残りを一般にも公開している「公開会社」である。

セムコープ・インダストリーズ（Sembcorp Industries）　1998年に設立された政府系コングロマリットである。電力，ガス，上下水道などの「ユーティリティ事業」，「海運および海洋エンジニアリング事業」，「環境マネジメント」，「工業用地開発・サービス」などを総合的に手掛けている。

2009年度アニュアルレポートによれば株式の49.7%はシンガポール政府系投資会社のテマセク・ホールディング（Temasek Holdings）が保有する。残りの株式は一般に公開している。「セムコープ・ユーティリティーズ（Sembcorp Utilities）」，「セムコープ・マリーン（Sembcorp Marine）」，「セムコープ・エンバイロメント（Sembcorp Environment）」，「セムコープ・インダストリアル・パーク（Sembcorp Industrial Park）」の4事業会社傘下に約50の事業会社，グループ全体で7,000名の従業員を抱える。

2009年度の売上高は，約96億シンガポールドル（1シンガポールドル70円換算で，6,720億円），また税引後利益は，6億8,300万シンガポールドル（同，478.1億円）である。

ケッペル・コーポレーション（Keppel Corporation）　1968年にケッペル・シップヤード（Keppel Shipyard Ltd.）として設立され，1980年にケッペル・コーポレーションとして株式上場した政府系コングロマリットである。油田開発用リグや海洋エンジニアリングを手掛ける「オフショア＆マリン事業」，環境エンジニアリング，発電，物流，データセンターなどを手掛ける「インフラ事業」，「不動産開発事業」，「投資事業」などを手掛けている。2009年2月時点で，株式の21.2%はシンガポール政府系投資会社のテマセク・ホールディング（Temasek Holdings）が保有する。残りの株式は，セムコープ同様に一般公開されている。約40の事業会社，グループ全体で約32,000名の従業員を抱える。

2009年度の売上高は，約122億4,700万シンガポールドル（1シンガポールドル70円換算で，8,573億円），また税引後利益は，12億6,500万シンガポールドル（同，88.6億円）である。

3.2 大韓民国（韓国）—通貨危機後外資受け入れを梃子に産業育成，国策により民間企業を育成

3.2.1 政府主導による「水産業育成戦略」

　周知のとおり近年，韓国は鉄鋼，自動車，半導体産業などに次ぐ産業の柱として，環境産業の育成に力を入れている。その要を担っているのが韓国環境省である。水ビジネスに関しては，2007年に環境省内に水産業推進局を設立し，国際競争力を有する産業育成を進めている。

　韓国政府は2010年10月，大統領の参加のもと「第9次緑色成長委員会」を開き，水ビジネスに関して世界トップレベル入りを目指す「水産業育成戦略」を発表した。
　同戦略によれば，2020年までに8社の世界的な水企業を育成し，3万7,000人の新規雇用をつくりだすことを目標と掲げている。その予算として，「関連産業の育成」に関して1兆8,307億ウォン（1韓国ウォン0.07円で換算すると1,281億円），「専門水処理企業の育成」に関して7,463億ウォン（同522億円），「基幹技術の開発」に関して6,871億ウォン（同481億円），「海外進出の活性化」に関して1,968億ウォン（同138億円）を計上した。
　予算の多くが投入される「関連産業の育成」に関しては，下水・排水の再利用法や再利用施設の設計・施工法に関する法律を新たに制定し，水再利用企業の育成や関連事業の拡大などを進める。ミネラルウォーターの市場開拓なども行う。
　また，「専門水処理企業の育成」に関しては，水道分野における施設の建設から運営管理までを包括的に実施可能なトータルソリューション企業を育成する計画だ。そのために，現在164の市郡が運営する地方水道事業を39事業に統合する計画であり，39に統合された水道事業が民間委託を推進することにより，民間企業を育成する方針だ。韓国国内でも根強い「水道民営化」への反発に配慮して，民間企業と公団・公社などの公企業がコンソーシアムを構成することにより，水道事業委託の受け皿づくりを推進する戦略だ。
　一方，下水道に関しては流域単位による統合運用管理体系を構築し，民間企業

への委託を通して企業の経営能力や専門性を高めるとしている。

わが国の上下水道産業に比べ，これまで技術的には劣るとみられてきた韓国上下水道産業であるが，半導体産業と同様，集約規模拡大により一気に日本企業を抜き去る戦略である。

以下に，そうした国策を背景に，今後大きな躍進が予想される韓国の主要な水道会社のいくつかを紹介する。

3.2.2 韓国水資源公社（K-Water）

1967年に設立された韓国水資源公社（Korea Water Resources Corporation：通称 K-Water）は，ダムの開発から用水供給事業，広域水道事業を担当する国有企業である。株式は韓国政府90.4％，韓国開発銀行9.5％，地方自治体0.1％となっている。

現在，国内の多目的ダム12ヵ所の運営管理を行っており，用水事業としては韓国全体の5割に相当する約17百万トンの供給能力を有するという。

国外事業としては，パキスタンのパトリンド（Patrind）水力発電施設への投資を皮切りに，近年はタジキフスタン（2006年），カンボジア，モンゴル，東ティモール，（2007年），ベトナム・ホーチミン市（2008年）における水資源開発調査など，ODA関連のインフラ整備を中心に，積極的展開を始めている。

2009年度アニュアルレポートによれば，2009年の売上は2,005,384百万韓国ウォン（1韓国ウォン0.07円で換算すると1,404億円），当期利益は81,576百万韓国ウォン（同57億円），従業員数は約4,000名である。また海外事業に関しては，すでに完了したものが18ヵ国27プロジェクトで，329億韓国ウォン（同23億円）あり，進行中の案件が6ヵ国9プロジェクト，3,387億韓国ウォン（同237億円）あると記述されている。

3.2.3 斗山重工業

a. 斗山グループの概要

韓国水ビジネスで，国際的にその名を知られている民間企業の1社として，「斗山重工業（Doosan Heavy Industry & Construction Co.）」があげられよう。韓

表 3.7 斗山重工業の経営状況

(単位：10億韓国ウォン)

	2005年度	2006年度	2007年度	2008年度	2009年度
売上高	3,304	3,509	4,090	5,710	6,280
電力部門売上	1,378	1,665	2,046	3,762	4,003
産業部門売上	1,019	828	871	623	912
海水淡水化(％)	(データなし)	(データなし)	77	88	69
資材運搬機材(％)	(データなし)	(データなし)	17	14	22
その他(％)	(データなし)	(データなし)	6	9	9
鋳造・鍛造部門売上	319	417	482	608	628
建設部門売上	588	599	691	717	736
営業利益	221	208	283	474	404
税引前利益	203	111	401	-123	-229
純利益	161	74	299	-66	-328

斗山重工業ホームページ IR material 各年度の Business Results を元に著者が編集した。

国財閥企業として古い歴史をもつ斗山グループの企業である。

斗山グループは繊維貿易商だった朴承稷（パク・スンジク）が，1896年にソウルの商業地区で事業を始めたことに始まる。当初は繊維品の輸出入や販売が主だったが，1915年には化粧品製造を開始し，さらに韓国焼酎の醸造に進出。1952年にオリエンタル・ブルワリー（OBビール）を設立して成長し，1960年代には建築，機械，食品と手を広げて成長した。斗山重工業は，そうした成長のなかで1962年に設立された。その後，1978年にOBグループから斗山グループに改名し，アジア通貨危機の後は企業買収の一方でかつての中核事業だった焼酎やビール醸造の部門を売却するなどリストラクチャリングを行い，現在に至っている。

b．斗山重工業と水事業

斗山重工業は斗山グループの中核企業の一つであり，サムソン重工業，現代重工業などとともに韓国を代表する重工業企業の1社である。同社事業は，電力，産業，鋳造・鍛造，建設の4部門から構成される。水事業の主力商品は海水淡水化プラントであり，産業部門として位置づけられている。

同社の経営状況を表3.7に示す。

2008年度，2009年度は世界的な景気低迷を受け赤字転落しているが，本業の

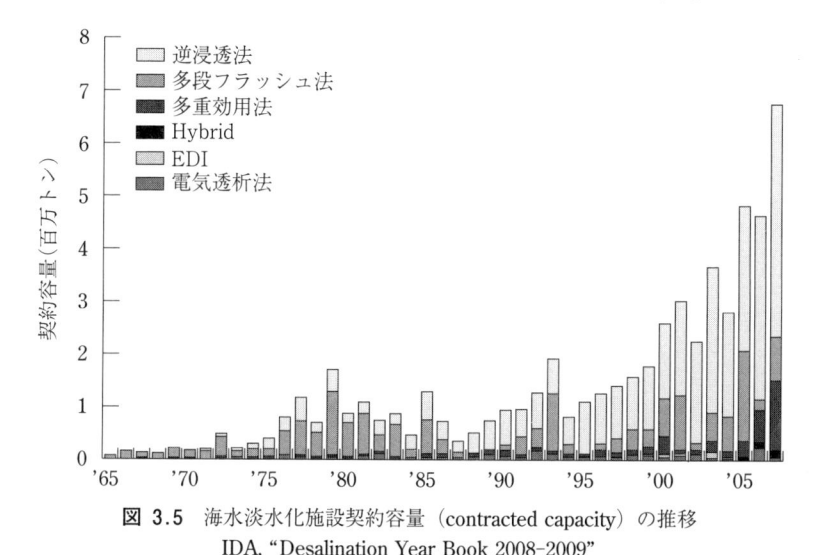

図 3.5 海水淡水化施設契約容量 (contracted capacity) の推移
IDA, "Desalination Year Book 2008-2009"

利益を示す「営業利益」をみる限りは堅調に推移しているといえる。

産業部門の大半を占める海水淡水化関連の売上は，2007年度5,740億韓国ウォン（1韓国ウォン0.07円換算で402億円），2008年度5,480億韓国ウォン（同384億円），2009年度6,290億韓国ウォン（同440億円）である。日本の水処理エンジニアリング大手と比べると，上位3〜5位の企業と同程度の規模である。

c. 成長の鍵は海水淡水化事業推進

「海水淡水化」とは，海水を処理して淡水（真水）をつくり出すことをいう。地球に存在する水の97.5％を占める海水から効率的に真水を取り出す事業は，水不足の解決策として大きな期待が寄せられている。図3.5に世界の海水淡水化施設の実績を示す。

現在実用化され，主流となっている海水淡水化は，「蒸留法」か「逆浸透膜法」を用いている（表3.8）。

「蒸留法」は海水を沸騰・蒸発させた後にその蒸気を凝縮して淡水を生産する方式であり，おもに① 多段フラッシュ法（multi stage flush）と，② 多重効用法（multi effect distillation）に分けられる。

表 3.8 海水淡水化技術の分類

		用途	規模	経済性 (エネルギー消費)
蒸発法	多段フラッシュ (MSF)	海水淡水化, かん水淡水化	1基あたりの生産能力は大	MED, ROに比べて劣る
	多重効用法 (MED)	主として海水淡水化	1基あたりの生産能力はMSFに次ぎ大	MSFより優れるが, ROよりは劣る
膜法	逆浸透法 (RO)	主として海水淡水化	膜モジュール数の加減により調整	MSF, MEDより優れる
	電気透析法 (ED)	主としてかん水淡水化	膜モジュール数の加減により調整	(かん水淡水化利用が主であり, 同条件での比較はむずかしい)

① 多段フラッシュ（MSF）法： 加熱された海水を減圧された蒸発器で沸騰蒸発させ，その発生蒸気を凝縮して淡水を生産する技術である。発生した蒸気が凝縮する際に放出する熱を回収して熱効率を上げる。実用プラントでは多数の減圧室を組み合せているので，多段フラッシュ方式とよばれる。

② 多重効用法（MED）： 複数の効用缶を連結し，第一効用缶の熱源として発電設備などからの蒸気を使用するが，第二効用缶以降の熱源は，前の効用缶で発生した蒸気を用いる。効用の数だけ蒸発を繰り返し，効率よく淡水を生産する方式である。

一方，「逆浸透法」は，海水に高圧をかけて逆浸透膜とよばれる薄膜を通過させ，水中の塩分と無機物をろ過する方式である。1980年後半以降，もっとも実績が伸展している方式である。

斗山重工業は，多段フラッシュ方式の施設納入シェアは世界の約4割を握るといわれているが，多重効用方式，RO方式の納入実績も着実に増やしており，Global Water Intelligenceが発行する"Desalination Year Book 2008-2009"によれば，2007年度の淡水化プラント納入実績は世界1位である。ちなみに，2位は伊フィシア・イタリンピアッティ（Fisia Italimpianti），2位は米GEアイオニクス（GE Ionics）とつづく。

3.2.4 環境施設管理会社（EFMC）

韓国では，1990年代に60％程度であった下水道普及率を2005年までに80％に向上させることを目指して，1990年代後半から2000年代前半にかけて下水処理施設の建設が進められた。そうしたなかで，下水処理場の整備と運営管理を一括して効率的に行うために，1997年に設立されたのが環境施設運営公社（Environmental Facilities Management Corporation：EFMC）である。

その後，1997年7月にタイで始まったアジア通貨危機の影響で，韓国経済は混乱に陥り，IMF（国際通貨基金）の支援を受ける窮地に追い込まれた。その際，インフラ整備分野への海外民間資本の投資が大幅に自由化された。そうした流れのなかで，EFMCは2001年に民営化され，2007年には，韓国財閥の一つでナイロン・繊維を出発点として化学・建設などコングロマリット経営を進めるコーロン・グループのコーロン・インダストリー（Kokon Industries）によりEFMC全株式が買収された。一時期は世界の水メジャー，トップ10入りを目論んでいるとも報じられた。

その後さらに2009年6月には，イギリス資本の世界的金融機関スタンダード・チャータード銀行傘下のスタンダード・チャータード・プライベート・イクイティがEFMCに40百万米ドルを投入し40％資本参加した。

より潤沢な資金を有するスタンダード・チャータード銀行との資本提携により，中国，インドでの事業展開などさらなる事業展開を目指しているともみられる。スタンダード・チャータード・プライベート・イクイティのプレスリリース記事によれば，2009年6月現在，EFMCは韓国75ヵ所（韓国全体の約2割）の下水処理場の管理を地方自治体から受託しているという。

国家戦略である前述の「水産業育成戦略」をバックに，ここにあげた韓国民間企業などが，今後グローバル市場においても大きく躍進することが予想される。わが国水産業界にとっては，シンガポール企業とともにライバル企業として大きく立ちはだかることになろう。

4
日本の水ビジネス戦略

　これまで述べたとおり，水ビジネスを推進する先進国では，民間開放によって規模と効率化を追求する動きが加速している。また多くの途上国では，官民連携（PPP）というコンセプトに基づき，民間投資を促進することによって，上下水道施設を含むインフラ整備を行う動きが加速している（詳細は第6章で述べる）。
　これに対しわが国では，上下水道は江戸時代より現在まで地方自治体（基本的には市町村）が事業を運営している。施設の建設や水道料金徴収事務などの一部を除き，民間委託はあまり進んでいない。

　誤解が生じないように述べておくと，上下水道の事業運営を公共が実施することは，決して世界の少数派というわけではない。
　米国やドイツをはじめ多くの国では，わが国同様に公共団体による事業運営を主としている。ただし，法律から会計制度，人事組織に及ぶまで完全に上下水道を分離運営している先進国は珍しい。いずれにしても，「公益事業」という，いわばビジネスの一形態である限り，公共の利益のためには当然に効率性は高めなければならない。
　わが国の上下水道事業においても，効率性を高めるための行政改革の動きがなかったわけではない。1999年のPFI法（正式名称は「民間資金等の活用による公共施設等の整備等の促進に関する法律」）施行に始まり，2002年の水道法改正による第三者委託制度導入，2003年の地方自治法改正による指定管理者制度導入など，民間活力導入に関するさまざまな規制緩和が行われてきた。本章ではまずはじめに，そうした法制度面におけるこれまでの取組みを時系列にまとめる。その後に，今後わが国がとるべき戦略について提案を行いたい。

4.1 最大の鍵を握る地方自治体

4.1.1 遅々として進まない水道分野の民間開放—問題はどこにあるのか

a. 1999年9月：PFI法施行

PFIは「プライベート・ファイナンス・イニシアティブ（Private Finance Initiative）」の略であり，一般的には民間の資金や技術，経営，ノウハウなどを導入，活用して，従来国や地方公共団体が行っていた公共施設などを建設，整備，運営してゆこうとするものである。イギリスのサッチャー政権が，公共部門に対して市場原理を導入するために考案したもので，実際にスタートしたのはメージャー政権下の1992年である。その狙いは，国や地方公共団体の財政負担を軽減しつつ，民間事業者の資金，経営などを活かした質の高い効率的な公共サービスを実現し，かつ，官民の責任分担を明確化することにある。

わが国において，PFI法は1999年9月に施行され，2001年に一部改正が行われている。PFIの対象となる公共施設は，次のとおりである（PFI法第二条）。

一．道路，鉄道，港湾，空港，河川，公園，水道，下水道，工業用水道等の公共施設
二．庁舎，宿舎等の公共施設
三．公営住宅及び教育文化施設，廃棄物処理施設，医療施設，社会福祉施設，更生保護施設，駐車場，地下街等の公益的施設
四．情報通信施設，熱供給施設，新エネルギー施設，リサイクル施設（廃棄物処理施設除く），観光施設及び研究施設
五．これらの施設に準ずる施設として政令で定めるもの

b. 2001年4月：「性能発注の考え方に基づく民間委託のためのガイドライン」公表

下水処理場の運転維持管理が民間事業者に委託されているのは，件数こそ上水道施設に比べて多い。しかし，その内容としては，これまではあらかじめ定められた仕様に基づく委託（これを「仕様発注」という）が中心であった。そのため，受託した民間企業において業務を効率化し，コストを縮減するための創意工夫が

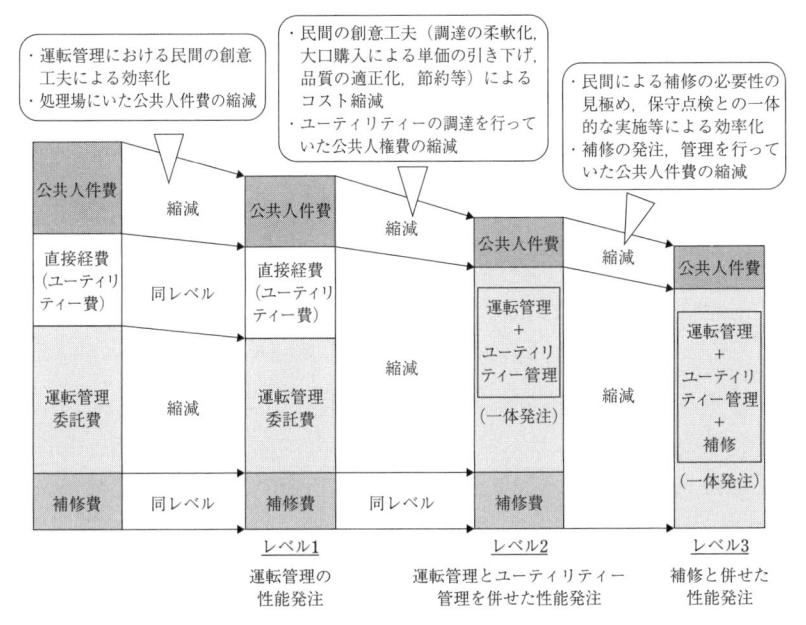

図 4.1 包括的民間委託方式によるコスト縮減イメージ
国土交通省「性能発注の考え方に基づく民間委託のためのガイドライン」p.3 の図を転載。

しづらい状況にあった。

そうした状況を改善するため，業務仕様を細かく規定せずに民間企業に裁量を与え，創意工夫できる余地を与える「性能発注方式」を基本とする「包括的民間委託方式」の導入による効率化，コスト縮減が期待された。

「包括的民間委託方式」においては，仕様発注から性能発注への変更に加えて，業務委託範囲を，運転，維持管理，補修などと業務ごとに細分化するのではなく，運転から補修を含む維持管理まで，より大きな範囲を一まとめにしたうえで発注すること（これを「一体発注」という）も期待されている。「包括的民間委託方式」によるコスト縮減のイメージは図 4.1 に示すとおりである。

この包括的民間委託の導入に関しては，下水道事業を所管する国土交通省が 2001 年 4 月に「性能発注の考え方に基づく民間委託のためのガイドライン」を公表している。また，2003 年 3 月には「規制改革推進三か年計画（再改定）」において，これを推進する閣議決定がなされた。これらを踏まえ，国土交通省では

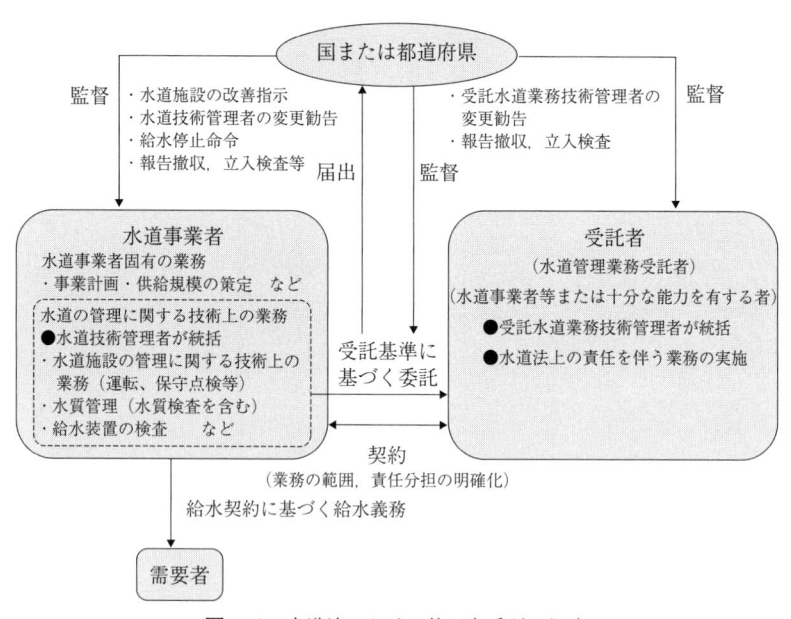

図 4.2 水道法における第三者委託の概念
厚生労働省健康局水道課「第三者委託実施の手引き」p.3 の図 1.2.1 を転載。

2004 年 3 月に全国の市町村に対して,「下水処理場等の維持管理における包括的民間委託の推進について」を通知し,包括的民間委託の実施上の留意点などを周知するとともに,包括的民間委託の積極的な推進を要請した。

c. 2002 年 4 月:水道法改正による第三者委託制度

2002 年 4 月に水道法が改正され,水道の管理に関する技術上の業務を水道事業者および需要者以外の第三者に委託できる「第三者委託」制度が創設された(図 4.2)。これにより,水質管理体制などが脆弱な中小規模の事業者(市町村)は,技術力の高い"第三者"に業務を委託し,管理することが可能となった。

厚生労働省は,水道事業者などによる第三者委託の普及・啓発を図り,水道事業の運営基盤強化に適正に活用されるよう,水道事業者等が第三者委託の導入について検討する具体的な手引として「第三者委託実施の手引き」を 2007 年 11 月にとりまとめ発表している。

d. 2003年9月：地方自治法の一部改正による「指定管理者制度」導入

「指定管理者制度」は2003年9月に地方自治法の一部を改正する法律が施行され，公の施設の管理に関するこれまでの「管理委託制度」が改正されたことによって新設された制度だ。

公の施設は公共の利益のために多数の住民に対して均等にサービスを提供することを目的として設置される施設であるため，その適正な管理を確保することが必要である。そのため，これまで公の施設の管理受託者は，公共団体，公共的団体，政令で定める地方公共団体の出資法人に限定されていた。

しかし近年，民間企業が経営するスポーツジムや，NPO法人が運営する福祉施設など，公的主体以外の民間主体が質の高いサービスを提供している事例も増加している。公共サービスに対する住民ニーズが多様化するなかで，行政は民間とのパートナーシップによって，民間事業者の有するノウハウを公の施設の管理にも活用していくことが求められていた。政府の総合規制改革会議や地方分権推進会議などにおいても，公の施設の管理のあり方を見直すことについて指摘されていた。そうした状況を踏まえ，これまでの公の施設の管理に関する考え方を転換し，住民サービスの向上に寄与することを目的として創設された制度である。

e. 2006年6月：市場化テスト法施行

正式名称は「競争の導入による公共サービスの改革に関する法律」であり，2006年6月に施行されている。国や地方公共団体が提供する公共サービスを見直し，民間開放し競争入札を導入することで公共サービスの質の維持・向上と経費削減を目指すものである。民間事業者の創意・工夫が反映されることを期待し，基本理念や公共サービスの改革基本方針，入札手続きなどの必要な事項を定めるとともに，官民競争入札等監理委員会の設置を定めている。

以上が上下水道事業を取り巻く，効率化に関する法制度上の動向である。

f. なぜ，日本の水道業界ではPPPが進まないのか

さて，こうして法制度の改正をみてくると，民間開放による行政改革を進めるための必要な対策は打たれてきたようにみえる。しかし，問題は上記の法改正に

より実態として，民間開放が推進されてきたかどうかである。

具体的なデータは，前著『水ビジネスの現状と展望－水メジャーの戦略・日本としての課題』第3章に詳述したので参照していただきたいが，ごく手短かに結論を述べると，下水道事業における限定的な包括民間委託や水道の料金徴収事務などを除いて，民間開放はほとんど進展していないのが実態である。

なぜか——。

理由は，地方自治体側にPPPを導入し，民間開放を進めるインセンティブがないからである。別のいい方をすれば，地方自治体をPPP導入に向かわせる魅力的な理由がないためである。ではなぜ地方自治体において，PPP導入に対するインセンティブが働かないのか。以下で説明しよう。

第一に，行政改革の位置づけとしてのPPPは，地方自治体にしてみれば，住民サービスの向上という方向とともに，業務を合理化し公務員数を削減する，あるいは公務員1人あたりの給与を削減する方向性を内包する「諸刃の剣」である。市民にとっては好ましい取組みであるが，自治体職員にとってはリストラの懸念もあり，失業，給与カットなどマイナス効果が大きい。そうした観点からすれば，地方自治体職員にとって，自ら率先して合理化に取り組むインセンティブはない。

民間企業であれば，合理化は同業他社に対する競争力向上を意味し，新規顧客開拓により売上・利益増大につながる。売上・利益は社員の「賃金総原資」に直接的に連動するため，雇用の安定や給与の増加を意味し，インセンティブとなる。さらにいえば「生き残れるか否か」という意味合いも強い。しかし地方自治体においては，売上や利益は職員の賃金総原資に直接連動しない。利益を追求しない地方自治体にとって，行政サービスを向上するためには，トラブルが発生しないよう，むしろ職員を増やし，万全の体制を構築することへのインセンティブはあるものの，リストラを含む合理化を行うことは大きな抵抗が生じる。

第二に，公務員においては，いかによい行政サービスを実施するかが重要である。行政サービスの「善し悪し」の判断はむずかしいことも多く，「よいサービス，イコール，ミスが少ない」とされる傾向がある。定性的な表現となってしまうが，よく「公務員の人事評価は減点方式」ともいわれる。リスクをとって失敗するよりは，前例にならいミスなく業務を行うことが是とされるともいわれる。

合理化による行政コスト低減は，プラス評価されるとは限らずリスクが高い。下手に合理化に取り組んだ結果，市民生活を脅かす事故が発生したりすると大きなマイナスとなる。つまり，地方公務員にとって，合理化はリスク多くして見返りが約束されていない。

市民の直接投票により選出される地方自治体首長（都道府県知事や市町村長）であれば，市民目線で行革に取り組むことは当然であるものの，公務員試験を経て採用される地方自治体職員（地方公務員）にとっては，必ずしもそうはならない。行革に意欲的な首長と地方公務員との見解の相違は，そうした理由で頻繁に発生する。

第三に，上下水道事業における財政上の問題がある。わが国では，水道事業は地方公営企業法の適用対象として，基本的には「独立採算」の原則が適用されるが，その場合においても人口5,000人未満を対象とする「簡易水道」には適用されない。水道事業体数としては，この簡易水道はかなり多い（平成20年度地方公営企業年鑑によれば，上水道事業1,395，簡易水道849，全2,244である）。また，下水道事業に関しては，地方公営企業法の適用外であり独立採算制がとられていない。つまり，多くの水道事業体，下水道事業体においては，水道・下水道料金収入と，発生する支出をバランスさせることは必ずしも問われていない。収入が不足する分は，地方財政における一般財政や国庫補助金により補われている。

また，主たる収入源である水道料金および下水道料金は各地方自治体において決められており，全国的に統一して比較審査する仕組みはない。その結果，水道料金の市町村による価格差（内々価格差）は，実に10倍近い差を生み出している。この問題は前著『水ビジネスの現状と展望』においても指摘したが，それらは，それぞれの地方自治体における議会承認を経て決定されているので，各自治体において財政上の問題としての認識は低い。水道事業および下水道事業には赤字経営*も少なくないが，そういう自治体は多いため，横並び意識もあり特段の問題視はされない。つまり，財政収支が悪化しているので，民間開放によりコストを縮減しなければならないとは認識されにくい。

---

* ここでいう赤字経営とは，水道における「（公営）企業会計」や下水道事業における「官庁会計」でいう赤字という概念によるものは当然のこととして，一般の企業会計に置き換えた場合に発生しうる赤字（つまり，損益収支上の赤字）も含む。

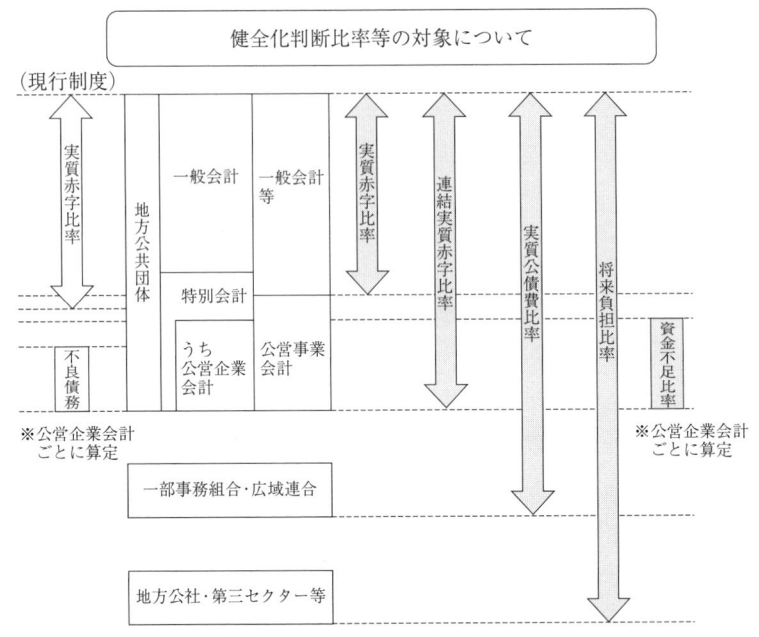

図 4.3 地方財政健全化法の概要
総務省「地方公共団体の財政の健全化に関する法律の概要」

　最後にもう一つ，別の角度から重要な点を付け加えるとすれば，わが国自治体の「責任感の強さ」もPPPが進まない原因の一つとしてあげられる。「2007年問題」ともいわれ，地方自治体においても団塊世代が大量に退職して技術継承が困難となるため，民間委託によりこれを乗り越える動きが進むともみられたが，状況は必ずしもそうではない。あくまで自治体内部で責任を全うしようと，新たに受け皿会社を設立してOB職員を再雇用し，業務を委託するなどの動きも出始めている。客観的にみれば「天下り会社」とも映る。責任感が強いことは称賛すべきことであるが，そのことをPPP推進にも振り向ける「発想の転換」が必要と考える。

　以上が，わが国の水道業界では制度改正にもかかわらず，PPP（または民間開放）が進展しない理由である。
　では，今後どうすべきか——

4.1.2 【提言 1】 規制緩和と強制・罰則型規制の併用による PPP の推進

これまで水道分野に関する行政改革は，民間解放（民間活用）を認めるという，いわば「規制緩和型」の制度改正で対処されてきた。しかし，これと反対の「規制強化型」の法制度である「地方公共団体の財政の健全化に関する法律（通称，地方財政健全化法）」が 2009 年 4 月に全面施行されたことは注目に値する。

この法律は上下水道事業のみを対象とした法律ではないが，地方自治体および地方自治体が経営する公営企業をも対象とするため，上下水道事業経営にも大きな影響を及ぼす。以下に概要を説明する（図 4.3）。

国民の暮らしを担う地方公共団体は今，健全な財政を維持する経営の能力が問われている。従来，地方公共団体の財政再建制度については，1955 年に制定された「地方財政再建促進特別措置法」による赤字の地方公共団体に対する財政再建制度と，1952 年に制定された「地方公営企業法」による赤字企業に対する財政再建制度が設けられていた。しかし，わかりやすい財政情報の開示や早期是正機能がなく，事態が深刻化するまで状況が明らかにならないという課題があった。その結果，一部の自治体において，突如として著しい財政悪化が明らかになる事態が生じた。財政指標を整備してその公表の仕組みを設けるとともに，地方分権を進める中で財政の早期健全化および再生のための新たな制度を整備することが提言され，健全化法の制定に至った。

地方財政健全化法では，監査委員の審査や議会への報告・住民への公表などを義務づけて情報開示を徹底するとともに，早期健全化基準を設け，基準以上となり財政悪化が明らかになった地方公共団体には財政健全化計画の策定を義務づけて自主的な改善努力を促す。また，フローだけでなくストックにも着目し，公営企業や第三セクターの会計も対象とする新たな指標を導入するなど，地方公共団体の財政の全体像を明らかにする制度となっている。

総務省はこの地方財政健全化法に基づき，2010 年 5 月に財政健全化計画の概要，財政再生計画の内容および経営健全化計画の概要を公表した。平成 20 年度決算に基づき健全化計画などの作成を義務づけられたのは以下のとおりである。

・財政再生計画：1 地方公共団体
・財政健全化計画：21 地方公共団体
・経営健全化計画：42 地方公共団体，53 公営企業

　このうち「資金不足比率」が判定指標の20％を上回り，経営健全化計画を作成した53公営企業には，2水道事業，3簡易水道事業，5下水道事業が含まれている（上下水道以外には，10交通事業，9病院事業などがある）。
　いわば，水道事業経営に対する「イエローカード」を受けたに等しい。
　公営企業の水道事業経営に関するこの数字は意外に少ない（よい）が，地方公営企業法を適用する「水道事業」における水道料金は総括原価方式を原則としており，原価に見合う収入を水道料金により徴収しているため，本来的には資金不足に陥ることがない事業といえる。さらに，地方公営企業法の非適用企業がほとんどである「簡易水道」や「下水道」は，事業単体としての判定ではなく，地方公共団体全体として別の器による判定となっているため，依然，事業単独での判定がしづらいことなどが原因だ。そうした制約はあるが，地方公共団体ならびに公営企業の健全化に向けた一歩であることには違いない。
　経営健全化計画の作成を義務づけられた公営企業では，一般会計補助金による不良債務の削減や水道料金の値上げによる収入向上とともに，職員数や給与の削減，民間委託の推進などによる合理化を行い，経営健全化を図ることが求められている。
　前節でみた，従来の制度改正を"太陽政策"とよぶならば，今後，PPPを推進するためには，こうしたいわば"北風政策"も必要となろう。
　「北風政策」というとイメージが悪いが，「背中を強く押すための政策」である。PPP推進に加えて，経営効率を高めるために重要な「上下水道経営一体化」や「広域化」などに関しても，自治体の背中を強く押す政策が必要と考える。

4.2　地方自治体による海外事業進出に関する考察

　4.1に示した国を挙げた海外展開にむけた取組みに関連して，最近，地方自治体自らが海外に事業進出しようとする動きがみられるようになってきた。
　ここでは，この問題を取り上げる。

そもそも、日本国内では上下水道普及率が高まり、新たな施設を建設する需要が減り、建設分野における民間企業への発注額は減りつつある。と同時に、その維持管理に関しては、これまで地方自治体が独占しており、官から民への委託は進んでいない。そのため、上下水道分野における民間企業は非常に厳しい経営状況下に置かれている。赤字転落、倒産、廃業などに追い込まれる企業も現れている。それらの民間企業が、生き残りを賭けて、海外に活路を見出そうと検討を始めた機に乗じて、地方自治体も海外進出をしようというものであることは本書の冒頭で述べた。

地方自治体による海外事業展開は、大きく分けて、① ODAの一環としての活動（主として二国間援助・技術協力（technical assistance））、② 自治体自身による事業進出（監理団体、出資会社を含む）、③ 民間企業の海外進出に対する支援に分類できる。それぞれの是非を以下で論じるとともに、改善に向けた提案を行う。

4.2.1 ODAの一環としての活動（主として二国間援助・技術協力）

ODA技術協力については第6章で詳述するが、長年、わが国が途上国に対して行ってきた援助である。上下水道技術・経営に関する研修員受け入れ、専門家派遣、プロジェクト技術協力、開発調査、青年海外協力隊派遣、シニア海外ボランティア派遣、国際緊急援助隊派遣などさまざまな活動がある。いずれも「国際貢献（開発援助）」としての取組みであり「無償」の活動である。

「研修員受け入れ」に関しては、従前、途上国からわが国水道事業体への受け入れ、また「専門家派遣」に関しては、わが国水道事業体から途上国への派遣が多く、民間企業の関与が少なかった。国際貢献は先進国としての義務であり、ビジネスとは切り離して考える必要があるのは一理ある。その一方で、その費用は日本国民の血税を用いるものであり、国民（法人税を納める企業を含む）の裨益を考慮すべきという意見も否定できない。被援助国およびわが国国民（企業）の双方に利益をもたらすことを考えて取り組むべきである。

そうした意味において、「研修員受け入れ」や「専門家派遣」といった分野においても、引きつづき自治体職員による支援が必要であるが、もっと民間企業を参画させ、人的ネットワークを構築し、将来のビジネス獲得の礎を築くことも今

後は必要であろう。

4.2.2 自治体自身による事業進出（監理団体，出資会社を含む）

問題が多いのは，この地方自治体自身による海外事業進出である。

これには，地方自治体自身，公営企業，および地方自治体の出資先である監理団体や株式会社（とくに非公開会社である場合）も含まれる。

その理由について，まず比較的マイナーな問題である地方自治体職員の派遣に関する問題について述べる。

自治体職員の（海外）派遣については，「地方公務員派遣法（正式には，公益的法人等への一般職の地方公務員の派遣等に関する法律）」に規定されている。若干長くなるが，該当部分を引用する。

> 地方公務員派遣法　第二条および第三条
> （職員の派遣）
> 第二条　任命権者（地方公務員法第六条第一項に規定する任命権者及びその委任を受けた者をいう。以下同じ。）は，次に掲げる団体のうち，その業務の全部又は一部が当該地方公共団体の事務又は事業と密接な関連を有するものであり，かつ，当該地方公共団体がその施策の推進を図るため人的援助を行うことが必要であるものとして条例で定めるもの（以下この項及び第三項において「公益的法人等」という。）との間の取決めに基づき，当該公益的法人等の業務にその役職員として専ら従事させるため，条例で定めるところにより，職員（条例で定める職員を除く。）を派遣することができる。
> 一　一般社団法人又は一般財団法人
> 二　地方独立行政法人法（平成十五年法律第百十八号）第五十五条に規定する一般地方独立行政法人
> 三　特別の法律により設立された法人（前号に掲げるもの及び営利を目的とするものを除く。）で政令で定めるもの
> 四　地方自治法（昭和二十二年法律第六十七号）第二百六十三条の三第一項に規定する連合組織で同項の規定による届出をしたもの　　　　（第二項以下は省略）
>
> （職員派遣の期間）
> 第三条　職員派遣の期間は，三年を超えることができない。

二　前項の期間は，任命権者が特に必要があると認めるときは，派遣先団体との合意により，職員派遣をされた職員（以下「派遣職員」という。）の同意を得て，職員派遣をした日から引き続き五年を超えない範囲内において，これを延長することができる。

つまり，地方公務員派遣法によれば，職員の派遣は，①「公益的法人等」に該当する一般社団法人又は一般財団法人，② 一般地方独立行政法人，③ 特別の法律により設立された法人（営利目的を除く），および④ 全国的連合組織に対してのみ可能であり，派遣期間は3年を超えない限り可能とされている。

ただし，第二条の"その業務の全部又は一部が当該地方公共団体の事務又は事業と密接な関連を有するものであり，かつ，当該地方公共団体がその施策の推進を図るため人的援助を行うことが必要であるものとして条例で定めるもの"という下りは玉虫色の表現である。さまざまな解釈を取りうる。解釈次第では，公益法人などへの地方公務員の派遣は可能でもあり不可能でもある。

本問題を巡っては，かねてより関係者からの質問も多かったことから，総務省副大臣が主査となり，厚生労働省，国土交通省はじめ関係省庁政務官らと「地方自治体水道事業の海外展開検討チーム」をつくり検討を行った。2010年3月15日，4月23日，5月26日に3回にわたる会合を開き，その結果を「地方自治体水道事業の海外展開検討チーム中間とりまとめ」として報告している（図4.4）。

同報告書では，"地方自治体，民間企業それぞれが有する技術・資源を活かし官民連携しながら，地方自治体が負う前述のリスクを最小限にとどめることを考慮した場合，実施主体は「第三セクター」又は「自治体が民間と連携する」ことが現実的である"としている。

そして，さらに以下のように記載している。

　　地方自治体の参画の方法として，前述(5)で示した実施主体が「第三セクターが民間と連携」する場合は，現行法上特段の問題がないと考えられるが，実施主体が「自治体が民間と連携」する場合は，地方公営企業法上の附帯事業に該当するか否かの検討が必要である。また，地方自治体が第三セクターへの出資に要する経費について地方債を起こす場合の取り扱いや，第三セクターへの職員派遣スキ

① **第三セクターが民間と連携する場合**（例）

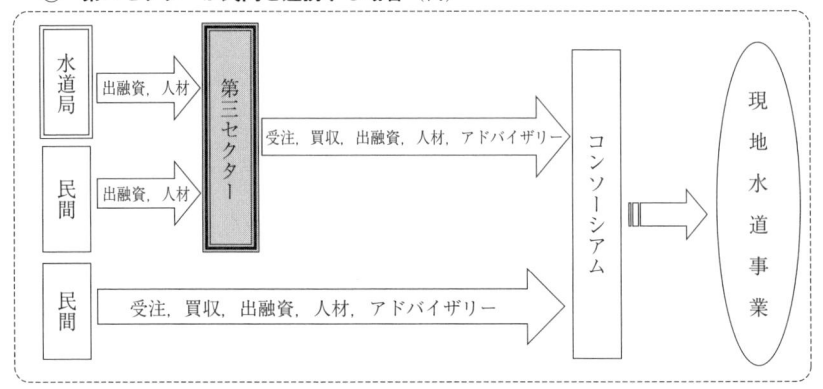

[図：水道局・民間 → 出融資, 人材 → 第三セクター → 受注, 買収, 出融資, 人材, アドバイザリー → コンソーシアム → 現地水道事業。民間 → 受注, 買収, 出融資, 人材, アドバイザリー → コンソーシアム]

② **自治体が民間と連携する場合**（例）

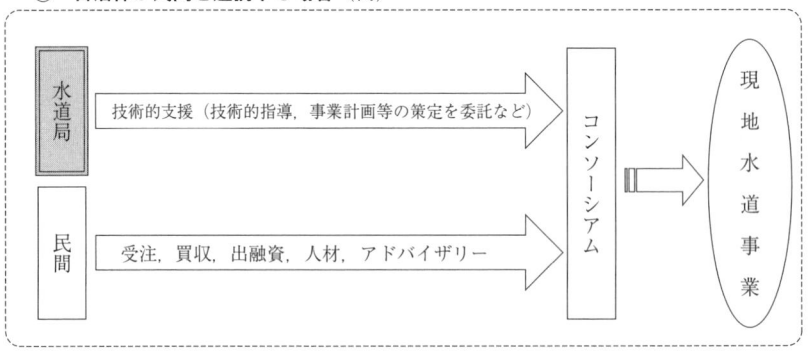

[図：水道局 → 技術的支援（技術的指導, 事業計画等の策定を委託など）→ コンソーシアム → 現地水道事業。民間 → 受注, 買収, 出融資, 人材, アドバイザリー → コンソーシアム]

図 4.4 地方自治体水道事業の海外展開スキーム（総務省中間とりまとめ）
総務省「地方自治体水道事業の海外展開検討チーム中間とりまとめ」より抜粋．

ームの明確化の問題等，地方自治体水道事業の海外展開についての検討課題を整理しその方針を示すことで，国の支援とする．

つまり，総務省（国は）現行法上，図4.4①のスキームは問題ないことを認めたが，②はグレーゾーンであり，一般解を示さなかった（示せなかった）．よって，地方自治体の個別判断に任せるという結論である．これでは残念ながら問題を先送りにしたにすぎない．

また，地方公共団体のノウハウを活用した水道事業の海外展開について，必要

に応じて地方公共団体が地方公務員を安んじて第三セクターに派遣できるようにするため，適切な派遣のあり方を以下のとおり明確化するとして，以下のように記されている。

> 地方公共団体が出資する第三セクターの主たる業務が国内の水道事業等公益寄与業務だと認められる場合には，地方公共団体から退職して派遣される職員が従事する業務に特段の制約はない（傍点は著者）。

海外で行う水道事業が「国内の水道事業に対する公益寄与業務と認められる場合」とはいかなる状況を指すのか，はっきりしない。たとえば，海外で挙げた利益を，国内水道事業の赤字補てんや料金の低減につなげられれば，公益寄与業務にもなろうが，果たして技術的に可能か。さらには道義的に相手国に受け入れられるか，大いに疑問である。つけ加えるならば，退職して派遣されることを希望する職員がどれだけいるか——。

なお，「特に留意すべき事項」として，以下の点が記載されている。

① 住民の理解
　地方自治体による海外展開事業はその性格上，地方公営企業の本来事業ではなくあくまで附帯事業であることから，はじめる場合も撤退する場合も，地方公営企業の経営原則を踏まえ，住民の理解を得ることが必要と考える。
② 撤退の検討
　経営状況が悪化している場合あるいは本来の国内の水道事業に支障が生じるような場合には直ちに撤退するなどの適切な措置を講じる必要がある。また，民間企業と連携して実施する場合，民間企業と地方自治体における採算性に対する差異があることも考えられることから，例えば撤退についてのルールをあらかじめ定めておくなどの適切な措置を講じる必要がある。

すなわち，この問題は住民（国民）を巻き込んだ議論が必要であり，国はその役割を当面地方自治体に委ねるとしたわけだ。

本節の初めに自治体職員の派遣は「マイナーな問題」であると述べた。その真

意は，現行法に縛られて必要な対策をとれない事態は避けるべきと考えるからである。現行法は明らかに海外へのビジネス展開を想定したものではないが，問題があれば必要に応じて改正すべきであり，現行法の解釈に終始する必要はない。しかし，問題の本質は，地方自治体が，海外ビジネス展開を推進すべき理由や正当性をどこに求めるのかということである。

本質的な問題点を以下に提起したい。

1. 地方公共団体のレゾン・デートル（存在意義）

そもそも地方公共団体とは何か。何のために存在するのか。

地方公共団体は住民の福祉の増進を図ることを基本として，地域における行政を自主的かつ総合的に実施する役割を担っている。そして，住民を構成員として，地域内の地方自治を行うために，法令で定めた自治権を行使することこそが地方公共団体の責務である。地域における公共の利益に資するモノやサービスのうち，競争市場においては満足に提供できないモノやサービスを提供するのが役割であろう。それだからこそ，地方住民の税金が投入されることが正当化されているのである。

地方自治体は，その地域に住む住民のためのサービス向上に努めるべきであり，かつ市場原理に委ねては問題が発生することのみを対象とすべきである。国内の人口減少などに伴って水道料金収入が減少するからという理由で，海外ビジネスに進出するのは大きな誤りではないか。

2. 不平等競争による民業圧迫の問題

地方自治体の上下水道事業は，独立採算を原則としながらも，建設費における国庫補助金投入や，運転・維持管理における市町村一般会計からの繰り入れなどの補助により運営されている。また当然，地方自治体は固定資産税や各種法人税（法人税，住民税，事業税）は免除されており，民間企業と異なる便益が与えられている。

民間企業を対象とする入札に地方自治体が同一条件で参加することは，民業圧迫以外の何物でもない。これは，国内外を問わず自由経済，資本主義をとる国であれば世界共通であろう。海外で認められる入札参加が，国内で認められないという根拠もない。地方自治体が民間市場に参入すれば，市場が発揮する強力な効

率化の源泉である公正な競争が阻害されてしまう。わが国市場経済の根幹を揺るがす憂慮すべき事態ではないか。

3. 相互関係における問題

わが国の自治体が海外ビジネス展開するのであれば，日本市場においても海外の自治体に対して入札参加機会が与えられるのが，二国間関係においては当然であろう。

ビジネスとはいえ，地方自治体が参画する以上は「外交」問題とは切り離せない。「日本から海外への進出は是であるが，海外から日本への進出を受けるのは非である」というバランスに欠ける外交は，国際社会では通用しない。当面，日本から途上国へという一方向しか考えられないが，10年後，20年後には，経済発展を遂げたコスト的に優位な途上国から日本へという逆方向に転じることも考慮する必要がある。途上国の自治体が日本の水市場の入札に参加するようになれば，上記1.の理由でわが国の企業は大きな不利益を蒙る。その際に「NO」といえる権利を失うことになるが，果たしてそれでよいのだろうか。

以上がおもな問題点であるが，さらにやや「技術的」な問題を付け加えるならば，必要とされる「原資」の問題もあろう。

途上国は経済成長に必要なインフラ整備に必要な資本と技術を提供できる事業者をみつけるためにPPPを導入している。つまり，巨額の投資を求めている。地方自治体はこうした投資はできないであろう。現在，国内においても逼迫する財政において，いかに今後発生する更新需要を捻出するかが課題となっている状況下において，海外投資に回せる資金がどこから出てくるのか。

技術的な解決策として，地方自治体と民間企業がコンソーシアムを形成し，入札に参加することも考えられる。その際，民間企業のみが投資を負担するという案も考えられる。あるいは，政府系金融機関が原資をそっくりそのまま融資するという案もありうる。しかし，コンソーシアム構成員においては，連帯責任が問われるのが世界の常識だ。仮に，何らかの理由により事業採算が悪化し赤字発生した場合，さらには万が一民間企業が倒産した場合に，その責任（つまり，他国において発生した事業損失を）を地方自治体が負うことを住民はあらかじめ許容するのだろうか。技術的問題を解消したとしても，再び地方公共団体のレゾン・

デートルに帰結してしまう。

4.2.3 【提言 2】 民間企業の海外進出に対する積極支援

上記1.～3.に示したさまざまな問題を考慮すると，現実的な取組みとしては，民間企業の海外進出を出資者（構成企業）としてではなく，あくまでサポーター（協力者）として側面から支援することが妥当であろう。すでにそうした取組みも一部自治体では始まっており，今後の成果が期待される。

具体的に実行すべき事項として，① 政治的支援，② 技術的支援，③ 国内における民間開放促進の取組みがあげられる。

① 政治的支援：ODAにおいて構築した人的ネットワークを民間企業の事業展開に活用することや営業支援を行うことがあげられる。すでに，わが国の地方自治体には長年のODA技術協力を通して蓄積した膨大な人的ネットワークがある。それらを活用することが望まれる。

② 技術的支援：先に述べたとおりODA技術協力において民間を活用することや，民間企業の求めに応じてコンサルティング（技術情報やノウハウの伝授）を行うことなどがあげられる。

③ 国内における民間開放促進：補足の必要はなかろう。民間にできることは民間に任せ，規制側の役割に徹することにより，公共団体としてより重要な役割を果たすことができる。その方が，より規制主体としての威力を発揮できるのではないか。すべての自治体がそうする必要はないが，財政経営基盤がぜい弱な自治体は，率先すべきではないか。

4.3 【提言 3】 上下水道経営における第三者評価の導入

わが国の上下水道事業は，市町村経営（東京都は例外的に都が経営）が原則である。2008年度末現在の事業数は上水道2,243事業（上水道事業1,395，簡易水道事業848事業），下水道3,687事業である。規模が大きい東京都（人口約1,300万人）から人口規模ではその1,000分の1にすぎない夕張市（人口約13,000人），さらに小さな規模の町村まで，大小さまざまな規模の市町村が上下水道事業を経営している。

4.3 【提言 3】 上下水道経営における第三者評価の導入　　97

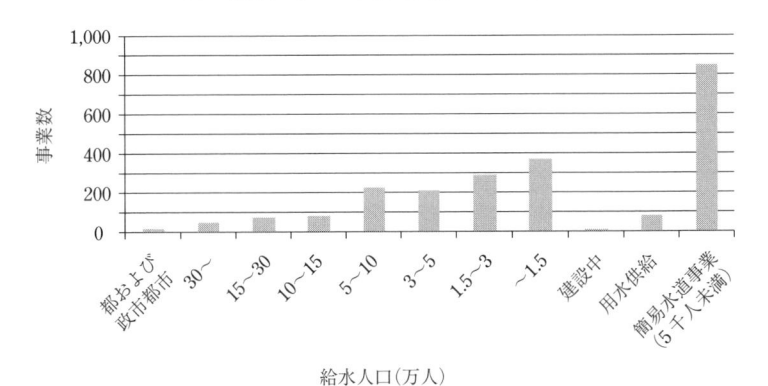

(a) 給水人口規模別の水道事業数

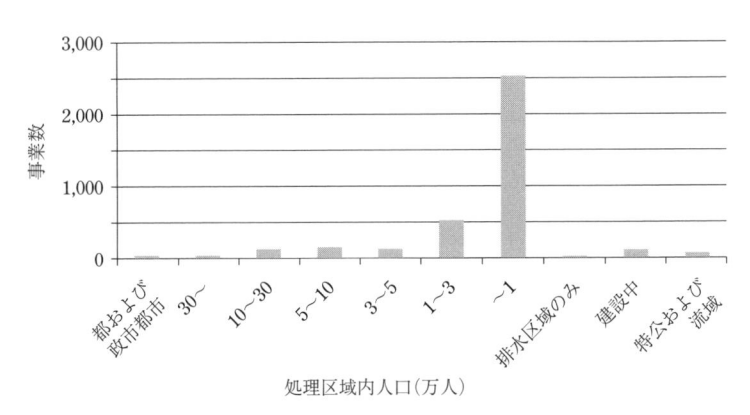

(b) 処理区域内人口規模別の下水道事業数

図 4.5 人口規模別の上下水道事業数
総務省，平成 20 年度地方公営企業年鑑記載データを元に作成．

　給水人口規模別の事業数を図 4.5 に示すが，規模の小さな事業数数が多いことが特徴である．

　財政状況が大きく異なり，結果として国内水道料金の比較において，最高料金と最低料金の差（内々価格差）は実に 10 倍近くに達していることは前述した．

　地方行政の広域化が必要であることは長年いわれつづけてきた．

　そして，平成の大合併を経て，全国の市町村数は 3,200 を超えていた状態から，

1,700あまりに減少・集約してきている。しかし，上下水道事業運営の観点からすればさらなる広域化による効率化が望まれる。地方行政は上下水道のみを取り扱うわけではないので，さらなる市町村合併のみに期待を寄せるわけにはいかない。そこで，提案したいのがベンチマーキング手法の導入である。

　ベンチマーキング手法を上下水道経営に取り入れている国としては，ドイツなどがあげられる（詳細は前著を参照されたい）。

　経営効率は事業規模による影響が大きいので，規模の異なる自治体間の規模比較はむずかしい。であれば，同程度規模の自治体間においてベンチマーキング手法を取り入れ，経営状況を比較することが望ましい。なおこれらは，自主的な取組みとしてではなく，国などの第三者が行い，ベンチマーク（水準点）に達しない事業体に対しては，広域化や合理化などの，経営効率の改善を促すことが必要である。

　それは決してむずかしいことではない。

　なぜなら，すでにISOにおける上下水道サービスの規格化検討が2001年から行われ，わが国においても，水道事業体，産業界，学界および消費者代表により構成されたTC224上水道対策パネルにおいてさまざまな角度から検討されてきたからである。同上水道対策パネルにおいては，国内規格を制定するためのワーキンググループが2004年に設置された。このワーキンググループが作成した規格案は，2005年1月に日本水道協会規格「水道事業ガイドラインJWWA Q100」として制定されている。

　同ガイドラインでは，「安心・安定・持続・環境・管理・国際」の六つの柱からなる137項目の「業務指標（performance indicator：PI）」が定められている（業務指標は巻末に掲載する）。業務指標は将来へ向けて水道事業の向上を図り，現状を明確化することを目的として，水道事業全般に関して多面的に定量化できるよう定められている。

　2004年6月に厚生労働省は水道ビジョンを公表している。そのなかでは，水道事業に関する現状と将来の見通しを可能な限り定量的に分析，評価した上で水道の将来像について共通認識を形成することを目指しており，業務指標を活用して水道ビジョンのフォローアップを行うことが視野に入れられている。また，各

水道事業者に対しては「地域水道ビジョン」を策定するように指導している。その際，各事業者が策定している中長期計画で事業の現状および将来の見通しについて業務指標などを活用して分析評価し，目指す将来像を示し，実現方策を記述しているものは，地域水道ビジョンに該当するとしている。

実際に，業務指標を自ら算定し，公表する水道事業体の数も年々増加している。また，財団法人水道技術研究センターでは，それら公表された業務指標を集計し，全国の水道事業体の度数分布図を作成している。

しかし現状では，それらの取組みは，あくまでも自主的な取組みであり，業務指標結果の是非を問う第三者機関は存在していない。受験にたとえれば，自己採点模試を行っているような状況で，まだ実際の試験は行われていない。そろそろ，試験を実施すべき時期がきているのではないか。第三者機関による厳正な評価と明確な指摘を行い，業績向上に取り組むよう具体的に指し示すことが必要と考える。

4.4 【提言 4】「漏水率信仰」からの脱却

この問題に関しては，第 2 章 1.2 節の Topic でも取り上げた。詳細はそちらを参照していただきたいが，重要な点であるため再度強調したい。

漏水率とは年間の配水量に対する漏水量の割合をいう。わかりやすい指標であるため，メディアでも「海外の漏水率は 2 桁だが，日本の漏水率は 1 桁。だから日本の水道は世界一」などと，短絡的に捉えられがちである。程度の差はあれ，費用をかけて対策（探査機などで漏水個所をみつけて，管路の補修や敷設替えを行う）を行えば，漏水率は下げられる。もちろん，漏水率は低いに越したことはないが，経済的には低ければ低いほどよいとは限らない。

「漏水」とは，家計にたとえれば「無駄遣い」のようなものだ。

無駄遣いを減らすためには，しっかりと監視して，無駄遣いをなくすような対策を施せばよい。しかし，無駄遣いをなくすことに躍起になって，家族全員に買い物の都度，監視を同行させるなどすれば，無駄遣いをなくして浮かせる分以上のお金を監視のために投入することになる。「無駄遣いを減らすために，無駄遣いをしている」ような状況にもなりかねない。小事にとらわれず，大局観をもっ

て家計全体を見渡すことが必要だ。

水道経営に関しても、同じことはいえる。漏水率は低ければ低いほどよいという、「漏水率信仰」を捨てることが必要だ。イギリスのように、「漏水率」という指標をもはや使用しない国もある。

4.5 【提言 5】 諸外国に学ぶ規制主体と事業主体の完全分離

前節においては、第三者機関による経営の評価、指導を提言した。そうしたことを実際に導入している国は決して珍しくない。

たとえば、2.1 に記載したとおり、イギリス（イングランドとウェールズ地方）においては、1989 年に上下水道事業が民営化されているが、その際に、民営化会社を監視・規制する機関として、水道事業者の設備投資や上下水道料金などの経済的規制当局として上下水道サービス局［Office of Water Service、通称 OFWAT（オフワット）］が設立されている。また、飲料水質を規制・監督する飲料水検査局（Drinking Water Inspectorate：DWI）や、消費者保護に関する監督を行う消費者委員会（Consumer Council for Water）などが公共機関として設立されている。

つまり、第三者評価の導入とともに、規制主体と事業主体を完全分離し、事業主体は完全民営化して市場競争原理による合理化を目指したのである。

規制主体と事業主体の完全分離は、イギリスだけではなくさまざまな国で行われている。PPP を進める途上国においてすら規制主体と事業主体の分離は基本原則として導入されている。

たとえば、後述の 6.4 で述べるインドネシア共和国においては、2001 年に施行された地方分権化二法によって、水道事業は全国に存在する水道公社（PDAM）により経営されているが、公共事業大臣官房内に設立された水道開発支援庁（BPPSPAM）が中心となり、全国 335 PDAM の経営状況の評価を行っている。

評価は「財務 4 指標」、「マネジメント 4 指標」、「技術 4 指標」の合計 12 指標に基づくものである。また、2009 年大統領令（Perpres No.29）により、経営が

健全と判断された PDAM のみ銀行からの長期ローン借入れに対する政府信用保証を行うこととされている。

途上国の水道経営レベルはわが国の水道経営と比べればまだ低く，わが国の関係者からすれば引き合いに出されるのは甚だ不満かもしれない。

しかし，わが国は世界銀行やアジア開発銀行など多国籍援助機関と歩調を合わせ，ODA を通して途上国援助を行う際に，被援助国が「PPP を導入すること」や「規制主体と事業主体の分離」を進めることを基軸として援助を行っている。しかし国内では，水道に関しては厚生労働省，下水道では国土交通省がそれぞれ「事業認可」を行っているが，「水道料金」に関しては市町村が議会を経て決めている。厚生労働省へは届出義務があるが，否定されることはまずない。なぜなら，総括原価方式をとる限り，必要な費用を水道料金として徴収することを否決する根拠がないからである。また，「下水道料金」は市町村の議会決議を経て条例により定められる。

つまり，効率化のバロメーターである料金に関しては，規制主体と事業主体は分離されていない。「紺屋の白袴」状態ともいえる。これでは規制は機能せず，経営は効率化されない。わが国水道料金の内々価格差が10倍に達していることはすでに述べた（表2.2）。改善が強く望まれる。

4.6 【提言 6】 企業再編による体力強化

わが国の上下水道業界を簡単化して示すと，表4.1のようになる。

表に示す以外にも多数の業界団体が存在している。事業者および企業は複数業界団体に加入していたり，また業界団体どうしが相互加入しており，実際にはかなり複雑である。表の構成は，いわゆる"MECE（相互排他的かつ包括的記述：Mutually Exclusive, but Complementary Exhaustive)"にはなっていない点は注意いただかなければならないが，業界全体を俯瞰するために，あえて"MECE"にはこだわらず簡略化して示した。

表4.1に示すわが国上下水道業界の構造における特徴としては以下3点があげられる。

表 4.1　わが国の上下水道業界の構造

	水道（含む簡易水道）	下水道
事業運営 （地方自治体）	事業者数 2,244（職員数 53,275 人）[1] 決算規模 46,102 億円[1] (社)日本水道協会： 1,383 団体（正会員）[2]	事業者数 3,687（職員数 33,467 人）[1] 決算規模 68,136 億円[1] (社)日本下水道協会： 1,568 団体（正会員）[2] 地方共同法人　日本下水道事業団
計画設計 コンサルタント	(社)全国上下水道コンサルタント協会：正会員 150 社[2]	
エンジニアリング，建設， 機器，素材，薬品製造など	(社)日本水道団体連合会：正会員 33 団体，199 社[2]	
施設維持管理	水道 O&M 研究会：15 社[2]	(社)日本下水道施設維持管理業協会： 正会員 129 社[2]

1. 平成 20 年度地方公営企業年鑑に掲載のデータを用いた．
2. 2010 年 9 月末現在，各団体ホームページに掲載されている情報を用いた．

①　業界レイヤーが"多層化（事業運営，計画設計，エンジニアリング，施設維持管理の階層化）"および"断層化（上水道，下水道の分離）"しており，単独事業者ないしは単独企業で事業全体をカバーする団体・企業・組織は存在しない．

②　業界レイヤー間は，上部レイヤーから下部レイヤーに対する委託関係が存在する（隣接するレイヤー間の委託以外にもレイヤーを飛び越えての委託関係もある．たとえば，第一レイヤーから第三，第四に直接委託されることもある）．

③　各業界レイヤー内の事業者，企業数が非常に多い．

こうした業界構造をとっていることには長所がある．

事業投資がレイヤー間，企業間で分散できるため，市場自体がリスクを分散できる構造となっている．つまり，必要とされる投資や技術を市場に参加している多くの事業者が分担している．そのため，各社あたりの負担は大きなものとならずにすむ．と同時に，技術・ノウハウの専門特化や高度精緻化が進む．その結果，部分最適化が行われ，国全体としてみれば，高度な職人技ともいえる技術を有した専門家集団が形成される．誰一人，市場をコントロールできるものは存在せず，技術や価格は上層レイヤーのニーズと嗜好を反映して決まる．まさに，市場競争原理に適い，効率的な資源配分がされているかにもみえる．

4.6 【提言 6】 企業再編による体力強化

しかし，実は近年こうした長所ばかりでなく，むしろ問題点が多くみられるようになってきた。以下にその問題点をあげる。

第一に，各レイヤー内のプレーヤーが多いため過当競争を生みやすい。

市場規模が拡大傾向にあった段階（戦後から 1980 年代半ば）においてはさほど問題とならなかったが，市場が成熟し規模が縮小均衡に陥ると問題が顕著化した。その結果，過当競争による利益率低下を避けるため，談合体質が慢性化した。

第二に，市場全体が飽和・縮小傾向にあるなか，コンプライアンス強化の流れから，企業においては談合の排除が進んだ。その結果，再び過当競争が生じ，赤字転落，倒産，廃業，企業が増えている。

実は，第一の点と第二の点は現在その端境期にある。談合をつづければコンプライアンスの観点から企業存続が危ぶまれ，談合を徹底排除すれば競争激化により企業存続が危ぶまれる。上下水道業界は，まさにこのジレンマに陥っている。

第三に，途上国 PPP において求められるコンセッション方式など，総合的事業（計画・設計，建設エンジニアリング，施設維持管理）に対応することができない。

複数企業がコンソーシアムを形成することで対応できるという意見もあるかもしれない。しかし，肝心の「事業運営」（第一レイヤー）は市町村が担っている。海外入札参加には問題が多いことは前節で述べた。

戦後から 1990 年頃までの右肩上がりの成長段階においては，市場細分化は功を奏し，水道産業は大きく成長し発展を遂げた。各社は必要に応じて，「業務提携」や「合弁設立」などにより，お互いの事業領域を補完し合い成長してきた。しかし，市場が飽和するなか，これまでの「成功の方程式」は通用しなくなり始めている。

今後の産業界における必要な戦略は，従前の「業務提携」や「合弁設立」を超える「合併買収（M&A）」による体力強化であろう。また，そうしない限り生き残りがむずかしくなってきている。

合併買収は同じレイヤー内の同業他社間でも必要であるし，異なるレイヤー間の異業種他社間においても必要である。とくに，国際競争の観点からは，異なるレイヤー間の合併買収はより重要となろう。さらに付け加えれば，旧来の業務提

携は「弱点補強型」であったが，今後求められる新しい合併買収は，「長所統合型」となろう．つまり，強みをもつ各レイヤーのチャンピオン企業どうしの合併買収が起こるであろうし，強みをもたないフォロワー企業はこれまでのように各レイヤー内の業務に終始していては生き残りがむずかしくなる．再編に躊躇するものは早晩，市場から撤退を迫られることにもなろう．後述 4.7.2 で述べるとおりすでにいくつかの事例がみえ始めている．

4.7　M&A—業務提携を超えた合併買収が必然的流れ

4.7.1　これまでの M&A ブーム

　ここでは，企業の合併や買収の総称である M&A についてさらに詳しく述べる．
　M&A とは，他の企業を取得しようとする際には買収者やその子会社などに吸収合併させるほか，買収先企業の株式を買収して子会社化することなどをいう．企業の取得という効果に着目した合併と買収の総称である．M&A は新規事業や市場への参入，企業グループの再編，事業統合，経営不振の企業の救済などを目的として実施される．広義には包括的な業務提携や OEM 提携なども M&A に含まれるが，前述の理由からは，今後水業界においては，合併，会社分割，株式交換，株式移転，株式公開買付などが主流となるであろう．具体例を示す前に近年の M&A 市場動向について振り返ってみる．

　M&A コンサルティング会社の(株)レコフが発行した 2010 年 2 月 15 日付 RECOF ニュースレター「2009 年の M&A 市場」によると，"2009 年，世界および日本の経済は 2008 年のリーマンショック後の「底なしで回復の目途が立たない」状況を脱したものの，日本の M&A 市場自体は，対前年比約 20% 減（件数ベース）で推移．2009 年の M&A 件数は 1,957 件で，2008 年比 18% の減少"，と述べられている．

　同資料中のわが国の M&A 推移を図 4.6 に転載する．図 4.6 にみられるように，わが国の M&A 動向は過去 3 度ブームがあった．
　第一次ブームは 1985 年から 1990 年頃までのバブル期の IN-OUT である．土地の値上がり含み益の発生により，資金的に余裕がある日本企業が海外企業へ多額

の投資を行った。例としては，三菱地所によるロックフェラー・センター買収（買収総額2,200億円），ソニーによるコロンビア・ピクチャーズ・エンタテインメント買収（同5,193億円）や，松下電器産業によるMCA買収（同7,800億円）などがある。「ジャパンマネーがアメリカの魂を買った」と欧米から痛烈な批判を浴びた。

第二次ブームは1999年以降数年間のOUT-INである。海外の投資ファンドによる救済型のM&Aが行われた。投資ファンドは不特定の投資家から資金を集めて業績不振の会社に投資し，企業を再建して数年後に第三者に高く売却したり上場したりして差益を得ようとした。このうち，未上場企業株式に投資をして株式価値を高めキャピタルゲイン（株式譲渡益）を得ようとするものを「プライベート・エクイティ・ファンド」とよんだ。ベンチャー企業に投資する「ベンチャー・ファンド」と，成熟企業に投資する「バイ・アウト・ファンド」に大別される。ハゲタカ・ファンドなどと揶揄されたりもした。とくに，経営破綻した企業を再生して利益を得るものを「企業再生ファンド」とよんだ。このよび方の方がはるかによい印象を与えるが，ファンドの仕組みは同じだ。リップルウッドによる日本長期信用銀行の買収などがある。

第三次ブームは戦後最長の「実感なき好景気」ともいわれた「いざなみ景気」

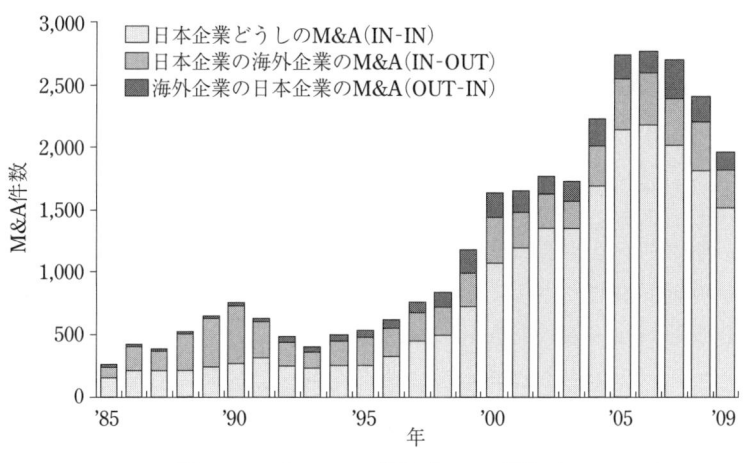

図 4.6 日本のM&A推移（レコフ社調べ）
RECOFニュースレター「2009年のM&A市場」（2010年2月15日）

後半の2005年から2006年にかけて起きた。グローバル化の波に対応するため，国内企業同士のM&Aや，大企業どうしのIN-OUT合弁などが目立った。日本たばこ産業（JT）による英国ガラハー買収や，日本板硝子による英国大手ガラスメーカー・ピルキントンの買収などが記憶に新しい。

2008年のリーマンショックを機に，世界経済は未曽有の不況に見舞われている。わが国企業活動においては投資活動は大幅に制限され，どの企業活動も後ろ向きになっている。しかし，景気に波はつきものであり，程度の差はあれ，いずれは回復する。今度本格的な経済回復を迎えたときが，第四次ブームとなると著者はみている。なぜならば，水ビジネスをはじめ多くの分野で日本国内の需要は飽和しており，途上国を中心に海外に打って出なければ成長が見込めないからである。

4.7.2 今後，日本の水ビジネスにおいて起こりうるM&A

わが国の水道産業において今後起こり得るM&Aについて，いくつかのケースをあげる。

1番目のケースは「IN-IN整理統合・集約型」であり，やや消極的な理由を背景とする国内企業どうしのM&Aである。

わが国水道産業は，もはや構造的に大きな成長は見込めない。水道普及率が97.5%（2008年度末），下水道普及率は72.7%（2008年度末）となり，これまでのように，上下水道施設を新しく建設する需要は見込まれないからである。EPCを中心に成長した建設設計コンサルティング業界，エンジニアリング業界の売上は年々減少しており経営は疲弊している。生き残りのためには整理統合が必要だ。

業界内大手どうしが合併したり，業界内の上位企業が下位企業を吸収合併したりする可能性もある。さらに，変則的なケースとして，水ビジネスへの関心の高まりを背景に別の業界の大手企業が水関連企業を買収するケースも十分ありうる。電力・エネルギー会社などがシナジー効果を狙って参入する可能性も十分にある。

2番目のケースは「IN-IN機能強化型」であり，ポジティブな意味合いがある。競争激化に備え国内競争力を補強する，あるいは海外進出をする際に，必要とされる機能を強化するための国内企業どうしのM&Aである。

海外の水メジャーと比較して，日本水業界企業の特徴は，設計コンサルティング会社，建設・エンジニアリング会社，維持管理会社，漏水調査会社，水道メーター検針・料金徴収会社など機能が分散している。いわば「ブティック型経営」である。これに対して，水メジャーであるヴェオリア・ウォーターやスエズ・エンバイロメントは，同一企業グループ（子会社を含む）にすべての機能を有する。海外進出を図るために，異なる業務を手掛ける日本の企業どうしが合併集約する可能性はきわめて高い。日本国内ですでに起きた事例としては，日本碍子と富士電機の水事業の合併による「メタ・ウォーター株式会社」の発足（2008年4月）や，三菱商事，日揮による「荏原エンジニアリングサービス（2011年4月から水ingと社名変更予定）」への出資（2010年4月）などがあげられる。

　3番目のケースは「IN-OUT海外進出型」である。

　わが国の水道産業が海外事業展開をする際には，対象国において現地法人を設立するのは当然であるが，それだけでは実績を有することにならない。よって，実績，ノウハウ，人材，営業力を有する企業のM&Aが不可避となる。いわゆるIN-OUTとよばれる国内企業による海外企業のM&Aが必要となる。すでに起きた事例としては，三菱商事，産業革新機構，日揮，マニラ・ウォーターで構成されるコンソーシアムによる「ユナイテッド・ユーティリティーズ・オーストラリア」の全株式買収（2010年5月発表），三井物産とシンガポール・ハイフラックスとの中国での共同事業会社「ギャラクシーニュースプリング」設立（2010年8月発表），および丸紅，産業革新機構によるチリ第三位の水道事業会社「Aguas Nuevas」の全株式買収（2010年11月発表）などがあげられる。

　いずれの三つのケースとも，必然の流れとして今後さらに事例が増えるであろうことは容易に予測される。

4.8　【提言7】　国をあげての民営化検討（広域化と上下水道一体化経営も含む）

　以下，本書冒頭で述べたように，ある意味においてタブーと目される上下水道事業の「民営化」について提起したい。ここで述べる「民営化」とは，海外で伸展するコンセッションやアフェルマージなどの「官民連携」はもちろん含まれる

が，イギリス（イングランドおよびウェールズ）で行われた，公営上下水道事業を「株式会社化」することをも意味する。それらの検討を国をあげて行うことが必要であろう。

ここであえて，狭義の「民営化」を提案するのは，これまで述べてきたように，わが国ではコンセッションやアフェルマージはおろか，日本型の第三者委託，包括的民間委託，指定管理者，市場化テストなど，広義の民営化である「官民連携」が，制度改革にもかかわらず期待されたほど伸展しないためである。

世界の水ビジネスのスピードについてゆけなくなってきていることを痛切に感じる。

水道産業の関係者の多くが「民営化」は起こらないとみていることは事実である。「民営化してほしい」と思っている関係者も少なくなかろうが，「水槽のなかで分かれて泳ぐカマス」状態になっている。すなわち，公と民の間には「壁」があることを前提として疑うことをしなくなっている。だからこそ，手遅れにならないよう，あえて提言を行うものである。

繰り返しになるが，戦後，わが国の上下水道産業は，「国」および事業主体である「地方自治体」を頂点に，「上下水道コンサルタント」，「建設・エンジニアリング会社」，「素材，薬品，機械部品製造会社」，「人材派遣会社」などが階層構造を形成し，成長，発展を遂げてきた。

市場に陰りがみえるが，地方自治体の決算規模は，上水道事業が4兆2,295億円，下水道事業が6兆2,631億円で，合わせると10兆4,926億円である。職員数は上水道が51,665人，下水道事業が32,111人で，両者を合わせると83,776人となる（数字は平成21年度地方公営企業決算）。これに，産業界の売上や社員を合わせれば，その1.5倍から2倍程度のヒトとカネで成り立っている。日本のGDP約500兆円からみれば，その2〜4％に該当しよう。

すでに，多くの関係者の生活基盤がその中に組み込まれており，多くの既得権も発生している。この構造に，「民営化」という大きな変革を導入することは，これまで上下水道産業を支え，発展させてきた多くの功労者にとって，価値観や生活基盤の変革をもたらすものであり，「痛み」を伴うことにもなる。

4.8 【提言 7】 国をあげての民営化検討

しかし，これまで述べてきたとおり，世界の上下水道ビジネスを取り巻く環境は大きく変化している。中国をはじめとする途上国の急成長に伴い，政治，経済をはじめ，多くの面において，わが国の世界における存在感はきわめて頼りないものとなっている。その理由は，政治のリーダーシップ不足によるところもある。しかし，戦後わが国は「経済」を中心に発展してきたのであり，その根幹は優れた技術を強みとして製品やサービスを輸出することである。

海外に出れば，トヨタ，ホンダ，ソニー，ミツビシといった企業の名前は，あらゆる国の人々に広く知れ渡っているが，わが国の最近の総理大臣の名を知る人は皆無に等しい。世界に誇る日本文化は少なくないが，やはり「経済力」を基盤として成り立つものであろう。

上下水道事業に関しても，わが国の優れた技術力をもって経済成長につなげる必要があり，今後，海外ビジネスや国際貢献などにより力を注ぐことが不可欠であると考える。

a. 日本の危ういポジショニング

これまで述べてきた，イギリス，フランス，スペイン，シンガポール，韓国および第 6 章で説明するアジアの途上国における上下水道事業運営のポジショニングを図 4.7 に示す。厳密なものではなくイメージであるが，先進国各国は途上国に対する国際支援としての「水ビジネス」展開を始めており，一方の途上国は PPP 官民連携促進による民間資本と民間技術導入に期待を寄せている。

わが国のポジションはきわめて危うい。

これまで，わが国の上下水道事業運営は公営（地方自治体）により成長・発展してきたが，現在の技術水準，経済水準，および生活保護なども含めた社会保障制度など，国家としての成熟度を考えれば，今後，民営化に移行することに大きな問題はない。むしろ公営にこだわることには，国際ビジネス展開（国際貢献）上損失の方が大きい。その理由はすでに述べた。

事業体数が非常に多く，広域化が進んでいないことや，法律から人事，会計制度にいたるまで上・下水道が分断経営されている問題も以前から指摘されてきた。この問題については前著において詳しく述べたのでここでは触れない。

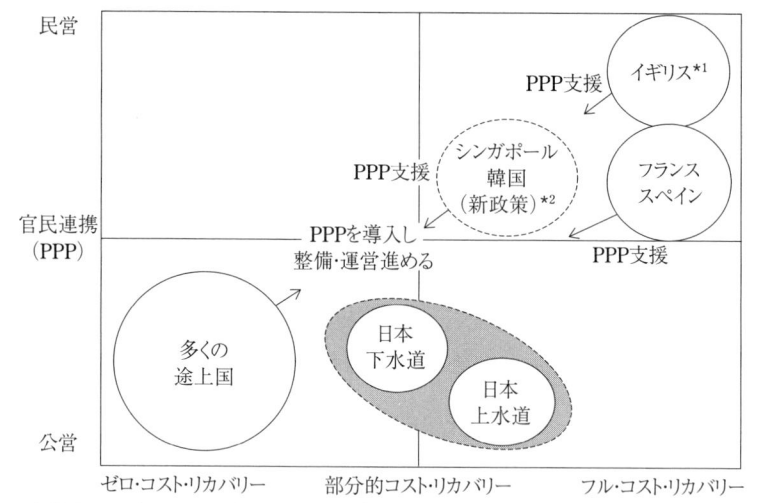

*1 イギリスのイングランド,ウェールズを指す(スコットランド,北アイルランドを除く)。
*2 韓国は現状ではなく,2010年10月に発表された「水産業育成政策」に基づく位置づけを記載。

図 4.7 各国の上下水道事業運営の形態・ポジショニング

b. 水道料金に関する懸念

"民営化すると水道料金が上がる"と反対する向きもある。

しかし,それは上下水道料金の徴収の仕組みが正しく理解されていないためといわざるを得ない。

現状の上下水道料金は,発生する費用を一部は上下水道料金として徴収し,残りは税金(国庫補助金の原資となる国税や地方一般財政の原資となる地方税)として間接的に徴収している。民営化すれば,基本的にはすべての費用を上下水道料金として直接的に徴収することになるために,直接目にみえる上下水道料金は上がる可能性は高い(必ずしも高くなるとは限らないが)。

しかし,必要な費用全体をみれば(すなわち直接的,間接的に払う料金をトータルすれば),民営化することにより,発生する負担は間違いなく低減するだろう。なぜなら,市場の競争原理が働き,合理化や効率化が促進されるからだ。このことをわかりやすくイメージとして示すと図4.8になる。

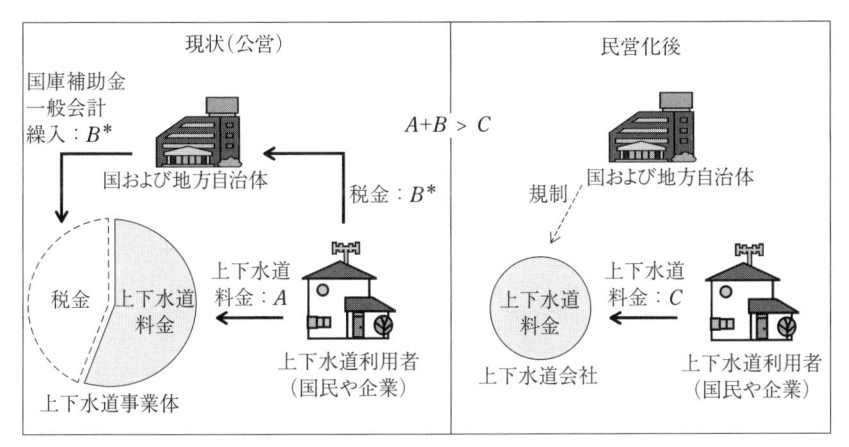

図 4.8 民営化後の上下水道料金のイメージ

* 上下水道料金の一部という内訳を明示して税金として集められるのではなく，所得税（国税），住民税（地方税），法人税（国税），事業税（地方税）などさまざまな名目での税金として徴収された後，国からの国庫補助金や地方自治体における一般会計からの繰入などが行われる。この流れは間接的であり，ほとんどの一般市民には認識されていない。

完全民営化の道を選択したイギリス（イングランドおよびウェールズ）の水道料金がわが国水道料金と比較して決して高くない（むしろ安い）ことは，2.1（表2.2および表2.3など）で示したとおりだ。

c．「安全」，「安心」に関する懸念

"民間企業は利益を優先するので，市民生活の安全や安心が脅かされる"という懸念の声も聞こえてきそうだ。

果たしてそうだろうか。

わが国の民間企業の製造現場では，安心で優れた製品を世に送り出すために，日々「5S（整理，整頓，清掃，清潔，躾）活動」や「カイゼン活動」が行われている。わが国のメーカーやエンジニアリング会社はどこもそうである。であるからこそ，わが国の製品やサービスは世界一の品質になる。

公共，民間を問わず，日本人は皆真面目で勤勉だ。簡単な想定をしてみればすぐにわかる。現在，地方自治体で働いている職員をそっくりそのまま民営化した

と仮定する。昨日まで自治体職員として働いていた同じ人間が、民間企業に異動した途端に、利益優先のために安全や安心を怠るようになるだろうか。

民間企業として毎日の電力供給を担っている「電力会社」は、安全や安心をないがしろにしているのだろうか。電力会社やJRに対して「民間企業だから安心できないので国営や公営に戻してほしい」という声は聞かない。過去、日本専売公社（現日本たばこ）、日本国有鉄道（現JR）、日本電信電話公社（現NTT）など、成功している例は少なくない。

わが国に限らず、海外をみても、イギリスやフランスの水メジャー企業が、安全や安心と引き換えに利益を上げているだろうか。イギリスは民営化されて20年が過ぎたが、民営化前と比べて事故が増えたとか、水質が悪化したという話も聞こえてこない。民営化後、飲料水質が向上していることや水質汚濁事故が減少していることは2.1.2で示したとおりだ。

民営化すると安全や、安心が脅かされるというのは、殊更わが国においては妄想にすぎない。

d. 既存の民間委託業務に関する懸念

「それでは、民間企業の仕事がなくなる」という心配の声があるかもしれないが、そうもならないと思う。

現在、一部で行われている「公共から民間への委託」は、民営化後は「民間から民間への委託」へと変わるにすぎない。むしろ、現状の公共予算の都合で単年度ごとの契約にしなければならないといった制約がなくなり、より効果的な契約形態がとられるようになるであろう。その結果、コンセッションやアフェルマージといった契約形態がより現実的なものとなろう。

さらにいえば、一定の規制のものとで民営化された上下水道会社は、既存の民間企業との間で、前節で述べたM&Aも活発に起こる。「規模の経済」や「範囲の経済」を高めるためのより自由な経済活動が可能となろう。

e. 雇用に関する懸念

最後に一点、重要な点を付け加えたい。

民営化に際して、これまでの最大の功労者である地方自治体職員の待遇をない

がしろにしてはならないし，その雇用を確保することは最低限必要である。地方自治体の職員の方々の努力なくして，わが国の上下水道の発展はなかった。一般論としてみれば，民営化の議論はともすれば，合理化問題に終始する嫌いがある。本問題は「合理化問題」としての側面もなくはないが，本質的には「成長戦略と・・・・・・・・
しての民営化」であることを強調したい。
・・・・・

そのため，当初は雇用保障や賃金保証を行い，数年目以降に業績に見合った賃金体系を導入するなど，さまざまな配慮が必要になることはもとより，地方公務員になることを目指し，努力の結果，上下水道事業に携わることができた関係者の生活を脅かし，あるいはモチベーションを低下させるような事態は避けなければならない。

全世界的に民営化を進めるべきではない。

国家が未成熟であり，社会的かつ経済的な基盤が確立していない国にあっては，やはり「公営」を主体としないと事業は成り立たない。しかし，わが国においては，経済力，社会保障制度，民間企業の技術力やモラールの高さなど，上下水道事業民営化に踏み切る基盤は十分にできている（バブル崩壊以降，終身雇用制や年功序列が崩れ，かつての会社に対する忠誠心は薄れたものの，仕事に対する高いモラールはわが国の財産である）。それらに加えて，国と地方の累積債務残高のGDP比が190％と先進国最悪の水準に達していることも後押しする。

図4.7に示した様々なポジショニングの中において，現在の「公営（公設・公営）」から，その対極にある「民営（民設・民営）」を含め，広く検討を行い，そのなかでわが国の最適なポジショニングを見つけることが必要と考える。また，その過程において「広域化」や「上下水道経営一体化」も進めることが必要であろう。広域化や上下水道経営一体化は，合理化という側面が強く，なかなか進展しないことは現状をみれば明らかである。海外ビジネス展開という前向きな議論が必要と思う。

民営化の議論は時間を要する。世界の水ビジネスはすでに大きく動きだしており，早期に検討・準備を進める必要がある。

5
ODAを活かせ―水と衛生分野における政府開発援助

5.1 政府開発援助（ODA）

5.1.1 政府開発援助（ODA）とは

　政府開発援助（ODA：Official Development Assistance）とは，政府または政府の実施機関によって開発途上国または国際機関に供与されるもので，開発途上国の経済・社会の発展や福祉の向上に役立つために行う資金，技術提供による協力のことである。

　わが国は1954年にコロンボ・プラン（開発途上国援助のための国際機関の一つ）への加盟を閣議決定し，これを機に開発途上国への経済協力に取り組み始めた。2009年にはODA実施55周年を迎え，今日，わが国からの援助先は150以上の国や地域に広がっている。NGO（非政府団体）との連携を含めてさまざまな形態による援助が行われている。

　ODAの形態は，図5.1に示すとおり開発途上国に対して直接援助を実施する「二国間援助」と国際機関を通じた「多国間援助」がある。二国間援助には「無償資金協力」，「技術協力」，「有償資金協力」がある。それぞれの概要は次のとおりである。

　① **二国間援助―無償資金協力**　　所得水準が低い開発途上国を対象に，返済義務を課さずに開発資金を供給するもの。学校，病院，井戸，道路などの基礎インフラ整備や医療品，機材などの調達にあてられる。

　② **二国間援助―技術協力**　　開発途上国の国づくりと自立のために，将来を

```
政府開発援助(ODA)
├─ 二国間援助
│   ├─ 無償資金協力
│   │   ├ 一般無償援助
│   │   ├ 水産無償援助
│   │   ├ 緊急無償援助
│   │   ├ 文化無償援助
│   │   ├ 食糧援助
│   │   └ 貧困農民支援
│   ├─ 技術協力
│   │   ├ 研修員受入れ
│   │   ├ 専門家派遣
│   │   ├ プロジェクト技術協力
│   │   ├ 開発調査
│   │   ├ 青年海外協力隊派遣
│   │   ├ シニア海外ボランティア派遣
│   │   └ 国際緊急援助隊派遣
│   └─ 有償資金協力
│       ├ プロジェクト借款
│       ├ ノン・プロジェクト借款
│       └ 債務繰延
└─ 国際機関に対する出資・拠出
```

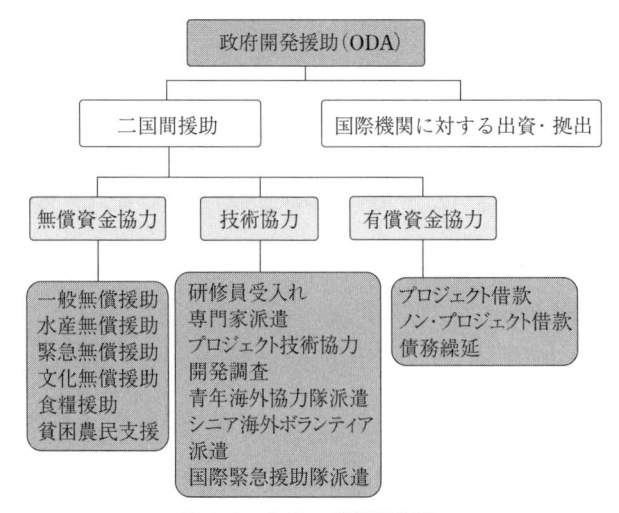

図 5.1 ODA の形態別分類
外務省ホームページ，外交政策，ODA「日本の ODA 形態」を転載。

担う「人づくり」を行うもの。おもな事業としては，研修員受け入れ，専門家派遣，青年海外協力隊派遣，開発調査などがある。

③ 二国間援助—有償資金協力（円借款） 開発途上国に対して長期返済，低金利の緩やかな条件で開発資金を貸し付けるもの。円で貸し付けられるため「円借款」ともよばれる。多くの資金を要する大規模インフラ整備などにあてられる。

④ 多国間援助—国際機関への出資・拠出 国連やさまざまな機関，世界銀行など国際開発金融機関に対する出資・拠出などを通じて間接的に援助を行うもの。

5.1.2　ODA に占める日本の位置づけ

主要援助国の ODA 実績を図 5.2 に示す。わが国における ODA 予算は 1999 年をピークに徐々に削減され，現在の年支出純額は 1980 年代のレベルである 1 兆円弱となっている（2009 年度暫定値は支出総額が 16,464 百万ドル，支出純額は 9,480 百万ドルである）。

わが国は 90 年代には世界第一の援助国としての地位を誇ってきたが，支出総

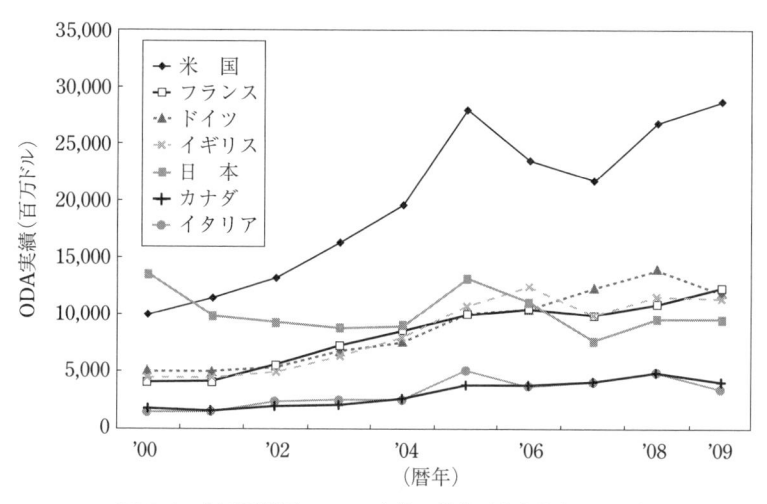

図 5.2 主要援助国の ODA 実績の推移（支出純額ベース）
外務省ホームページ，外交政策，ODA「主要援助国の ODA 実績の推移」を転載．

額から借款に対する回収額を差し引いた支出純額ベースでみると，現在（2009年実績暫定値）は米，仏，独，英につづく世界第5位となっている．欧米先進国は2001年の9.11事件などをきっかけに援助を増やす傾向にあり，わが国はさらに順位を落とすとみられている（表5.1）．

5.2 水と衛生分野におけるODA―世界のトップドナー日本

ODA予算のなかでも，とくに上水道および下水道を含む「水と衛生分野」に焦点を絞ってみてみよう．

「水と衛生分野」には，上下水道のみならず，安全な水としての井戸水や浄化槽なども含まれる．意外と知られていないが，わが国はこの「水と衛生分野」に関しては，1990年代よりDAC（Development Assistance Committee：開発援助委員会）諸国の中でも米国，フランス，ドイツ，イギリスなどを抑えて，抜きん出たトップドナーとして支援を実施してきている（図5.3参照）．2003年から2007年までの5年間においては，「水と衛生分野」に限ると二国間ドナーの実に38％にあたる71億ドルのODAを実施している（図5.4参照）．

表 5.1 DAC 諸国の政府開発援助形態別内訳

2006年

(単位:百万ドル) (政府開発援助総額に占める割合(%))

順位	国名	政府開発援助総額	二国間政府開発援助 計	無償資金	技術協力	政府貸付等	国際機関向け政府開発援助	政府開発援助総額	二国間政府開発援助 計	無償資金	技術協力	政府貸付等	国際機関向け政府開発援助
1	米国	23,532	21,162	12,727	9,278	-843	2,370	100.0	89.9	54.1	39.4	-3.6	10.1
2	英国	12,459	8,718	7,949	860	-92	3,741	100.0	70.0	63.8	6.9	-0.7	30.0
3	日本	11,136	7,262	5,803	1,848	-389	3,874	100.0	65.2	52.1	16.6	-3.5	34.8
4	フランス	10,601	7,919	5,617	2,805	-503	2,681	100.0	74.7	53.0	26.5	-4.7	25.3
5	ドイツ	10,435	7,034	4,460	3,116	-542	3,401	100.0	67.4	42.7	29.9	-5.2	32.6
6	オランダ	5,452	4,282	3,951	464	-133	1,169	100.0	78.5	72.5	8.5	-2.4	21.5
7	スウェーデン	3,955	2,852	2,707	132	14	1,103	100.0	72.1	68.4	3.3	0.3	27.9
8	スペイン	3,814	2,092	1,574	438	80	1,722	100.0	54.9	41.3	11.5	2.1	45.1
9	カナダ	3,684	2,531	2,043	530	-42	1,153	100.0	68.7	55.4	14.4	-1.1	31.3
10	イタリア	3,641	2,001	1,976	171	-146	1,640	100.0	55.0	54.3	4.7	-4.0	45.0
11	ノルウェー	2,954	2,198	1,754	366	79	756	100.0	74.4	59.4	12.4	2.7	25.6
12	デンマーク	2,236	1,464	1,414	110	-61	772	100.0	65.5	63.3	4.9	-2.7	34.5
13	オーストラリア	2,123	1,796	914	860	23	327	100.0	84.6	43.0	40.5	1.1	15.4
14	ベルギー	1,978	1,357	785	580	-7	620	100.0	68.6	39.7	29.3	-0.4	31.4
15	スイス	1,646	1,254	1,080	161	13	392	100.0	76.2	65.6	9.8	0.8	23.8
16	オーストリア	1,498	1,092	939	162	-9	407	100.0	72.9	62.7	10.8	-0.6	27.1
17	アイルランド	1,022	632	613	20		389	100.0	61.9	60.0	1.9		38.1
18	フィンランド	834	455	360	81	13	380	100.0	54.5	43.2	9.7	1.6	45.5
19	ギリシャ	424	189	100	89		235	100.0	44.6	23.7	21.0		55.4
20	ポルトガル	396	211	81	117	14	185	100.0	53.3	20.3	29.6	3.4	46.7
21	ルクセンブルク	291	205	199	6		86	100.0	70.5	68.6	1.9		29.5
22	ニュージーランド	259	203	154	49		56	100.0	78.4	59.5	18.9		21.6
	DAC諸国計	104,370	76,909	57,198	22,242	-2,531	27,461	100.0	73.7	54.8	21.3	-2.4	26.3
	DAC諸国平均	4,744	3,496	2,600	1,011	-115	1,248						

出典：2007年DAC議長報告

*1 順位は政府開発援助総額順の順。
*2 無償資金協力には、行政経費、開発啓発費、NGO支援および債務救済を含む。
*3 四捨五入の関係上、合計が一致しないことがある。
*4 実績および卒業国向け援助を除く。

「政府開発援助 (ODA) 白書 2008 年版／日本の国際協力」参考資料集 第 4 章 図表-65。

5.2 水と衛生分野におけるODA—世界のトップドナー日本　119

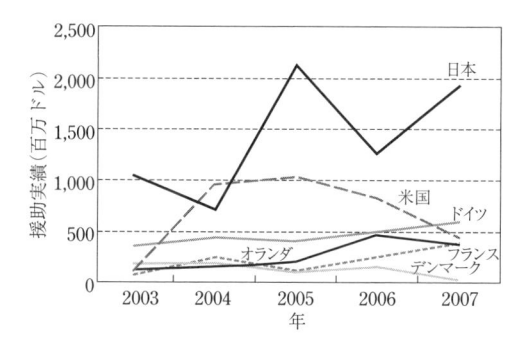

図 5.3 「水と衛生分野」における主要 DAC 諸国の援助実績（2003〜2007 年計）
OECD/DAC・CRS オンラインデータベース（2009 年 3 月時点）

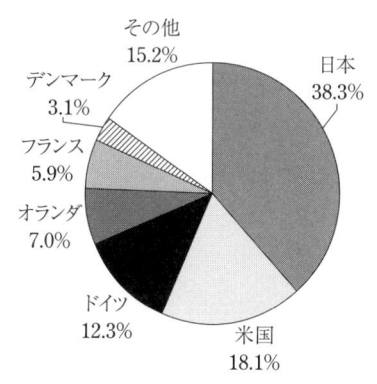

図 5.4 「水と衛生分野」における主要 DAC 諸国の援助額の割合（2003〜2007 年計）
OECD/DAC・CRS オンラインデータベース（2009 年 3 月時点）

今度は逆に，わが国の ODA に占める「水と衛生分野」の位置づけをみてみよう。図 5.5 に示すように，2003 年から 2007 年までの 5 年間のわが国の「水と衛生分野」における拠出額は，全体政府開発援助全体額の 10.3％を占めており，DAC 諸国のなかでももっとも高い割合を占めている。つまり，わが国は「水と衛生分野」の ODA に世界でももっとも重きをおく国といえる（ちなみに，他に大きな比重を占めているのは「運輸」，「エネルギー」などであり，ともに 10％程度を占めている）。

次に，「水と衛生分野」における援助の形態をみてみよう。表 5.2 に示すとお

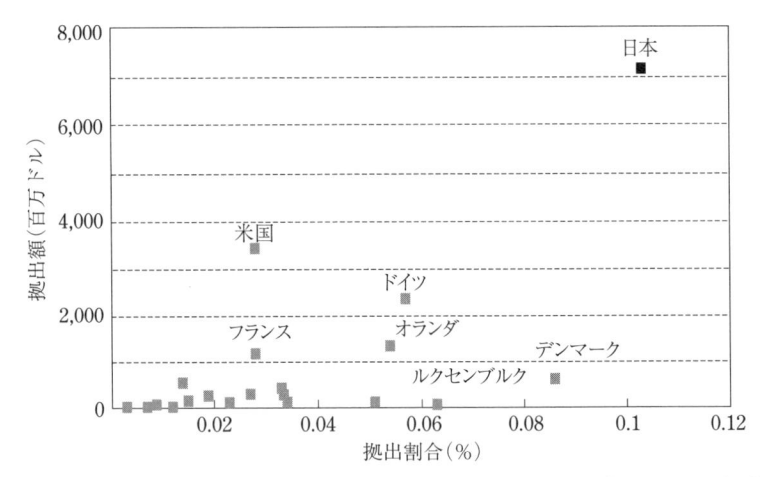

図 5.5 「水と衛生分野」に対する DAC 諸国の拠出額と拠出割合（2003〜2007 年計）
OECD/DAC・CRS オンラインデータベース（2009 年 3 月時点）

り，金額としては「政府貸付等（円借款）」が援助実績の大半を占めており，「無償資金協力」および「技術協力」は相対的な金額としてはかなり少ない．

5.3 求められる ODA の有効活用

仮にわが国の「水と衛生分野」の ODA 予算が，今後もこれまで同様 2,000〜3,000 億円程度規模で推移したとする．世界の水ビジネス市場が 2025 年には 100 兆円程度になると想定すると，2,000 億円はそのうちの 0.2〜0.3％に相当する．

2,000〜3,000 億円という ODA 予算を少ないとみるか多いとみるかは立場により大きく異なる．

わが国水処理産業界の視点でみれば，最大手民間企業 3〜5 社分の水部門売上合計に匹敵し，決して少ない額ではない．それだからこそ，景気低迷に喘ぐなか，「ODA をわが国水道産業が海外進出するためにもっと活用すべし」という意見も切実なものとして受け止められる．もちろん，ODA は「日本の産業育成」が目的ではなく，主目的はあくまで「途上国に対する開発援助」にあるので本末転倒は避けなければならない．

表 5.2 水と衛生分野における援助実績

1. 援助形態別実績（東欧および卒業国向け援助を含む，約束額ベース，単位：百万ドル，%）

暦年	無償資金協力	政府貸付など	技術協力	合計
2004	213.32(9.4)	1,271.94(23.8)	51.18(1.6)	1,536.44(14.2)
2005	243.36(3.7)	2,405.29(29.1)	54.38(2.0)	2,703.03(15.3)
2006	178.98(3.4)	1,696.25(29.7)	76.49(2.9)	1,951.73(14.3)
2007	173.31(4.9)	2,401.13(35.3)	73.33(2.8)	2,647.78(20.4)
2008	130.20(2.8)	1,958.72(18.4)	77.60(2.5)	2,166.53(11.8)

注）本データは DAC_CRS 統計に基づく．
　　無償資金協力，政府貸付などは交換公文ベース．
　　合計欄以外の（　）内は，各援助形態ごとの政府開発援助合計に占める割合（%）．
　　合計欄の（　）内は，上記各形態ごとを積算した政府開発援助全体に占める割合（%）．

2. 技術協力の内訳（人数実績）

暦年	研修員受入（人）	専門家派遣（人）	協力隊派遣（人）
2004	1,205	121	9
2005	1,053	135	3
2006	811	232	3
2007	691	381	4
2008	885	480	8

注）本データは DAC_CRS 統計に基づく（ただし，本実績には東欧および卒業国を含む）．
　　協力隊派遣には，その他ボランティア（シニア海外ボランティアなど）は含まない．

3. 二国間政府開発援助の小分類

暦年	水供給・衛生	水資源政策・保護	河川開発・洪水防御	農業用水資源	水力発電	合計
2004	523.27(34.1)	169.76(11.0)	19.72(1.3)	694.73(45.2)	128.98(8.4)	1,536.44
2005	1,275.22(47.2)	0.02(0.0)	1,009.82(37.4)	8.22(0.3)	409.75(15.2)	2,703.03
2006	1,011.23(51.8)	67.38(3.5)	179.57(9.2)	584.83(30.0)	108.73(5.6)	1,951.73
2007	1,858.41(70.2)	0.08(0.0)	241.62(9.1)	285.60(10.8)	262.07(9.9)	2,647.78
2008	1,635.68(75.5)	7.98(0.4)	92.28(4.3)	0.00(0.0)	430.59(19.9)	2,166.53

注）本データは DAC_CRS 統計に基づく．
　　（　）内は，各年度の合計に対する割合（%）．
　　「政府開発援助（ODA）白書 2009 年版」，参考資料集　第 2 章第 2 節　図表Ⅲ-5 を転載．

とはいえ，米国と並び世界でも高い水準にある法人税収*に基づく ODA であ

---

* 平成 22 年度，わが国の一般会計歳入のうち，法人税は 59,530 億円（6.4%）であり，所得税 126,140 億円（13.1%），消費税 96,380 億円（10.4%）などとともにおもな財源となっている．他には，将来世代の税負担となる特例公債 379,500 億円（41.1%）や建設公債 63,530 億円（6.9%）などの公債金収入がある．

り,「自国産業への裨益をより重視すべし」という意見は到底無視できない。いずれにせよ,そうした資金を援助国およびわが国の双方にとって,有益に活用するか否かは国家としての知恵の使いどころである。第三者(第三国)が「漁夫の利」を得るような使い方は避けなければならない。

ODAにおいて「タイド」,「アンタイド」という言葉がよく使われる。「タイド」とは,開発プロジェクトにおいて必要とされる資材や役務の調達を,援助供与国に限定することを条件として供与する援助を指し,別名「ひも付き」案件ともいわれる。「アンタイド」はその逆で,援助供与国の企業でなくても自由に入札ができる場合をいう。いわば「ひも付きでない」案件をいう。

事業を請け負う企業と政治家との癒着が問題視されることなどもあり,国際的にみれば「無償資金供与はタイド」,「借款はアンタイド」とするのが一般的である。現在,わが国の円借款では例外を除き,ほぼ100%アンタイドとなっている。

タイド,アンタイドの視点から,もう一度,水と衛生分野における援助実績(表5.2)を整理しなおしたものを表5.3に示す。公表データがみあたらないため,個別プロジェクトごとの判別をせずに無償資金協力と技術協力を「タイド」,政府貸付などを「アンタイド」として集計したものである点は注意が必要だが,大まかな傾向はつかめる。

表5.3にみられるとおり,わが国の水と衛生分野におけるタイド率は1割程度であり,アンタイド率は9割と高い。

実は,水と衛生分野に限らず他の分野を含めODA全体として世界を見渡せば,DAC諸国の二国間政府開発援助のタイド比率は0%のイギリスやスウェーデン

表 5.3 わが国ODAの水と衛生分野におけるタイド・アンタイド比率

(単位:百万ドル,( )内は%)

年	タイド (無償資金協力・技術協力計)	アンタイド (政府貸付など)
2004	265 (17.2)	1271.9 (82.8)
2005	298 (11.0)	2405.3 (89.0)
2006	255 (13.1)	1696.3 (86.9)
2007	247 (9.3)	2401.1 (90.7)
2008	208 (9.6)	1958.7 (90.4)

から，50％近いギリシャまで各国各様である．米国は30％程度と高い．わが国も水と衛生分野に関して，タイド率を上げることを一つの策として提案したい．国際的に特異と非難される状況にはならない．

上記に「円借款では例外を除き」と述べたが，その例外とは「STEP（Special Terms for Economic Partnership：本邦技術活用条件）」のことを指す．わが国の優れた技術やノウハウを活用した「顔のみえる援助」を促進する趣旨で，2002年7月に導入されたタイド円借款である．途上国向け借款は一般にアンタイド化の方向にあるが，諸外国でも一定の枠内でタイド借款が行われている．わが国としても，これらの実例を研究しつつ，制度の拡充を検討し，実績が伸び悩んでいるSTEP案件の件数と金額が増加するよう手当てすべきである．たとえば，対象分野については，わが国企業がかつて手がけた案件のリハビリ（改修，近代化）や，わが国が得意とする「省エネ」，「地球温暖化対策推進」，「耐震性向上」などを前面に押し出すことが考えられる．

一般的に，ODA援助国からの押し付けとならないよう，被援助国からのリクエストに応ずるというのが基本スタンスである．しかし，被援助国のなかにはリクエストすべき内容に関して十分な知見がないまま要求項目があげられることもなくはない．計画初期の段階から，わが国水道産業専門家の意見を取り入れ，タイド比率を上げる努力が望まれる．

さらにもう一つ重要な点として，タイド案件の内容について述べる．

タイド案件には，無償資金協力と技術協力があるが，無償資金協力はこれまで，

表 5.4　水道分野の専門家派遣数（人）の推移（厚生労働省推薦分）

年度	1999	2000	2001	2002	2003	2004	2005	2006	2007	2008
長期	16	19	15	17	11	8	10	6	5	6
短期	24	19	22	24	17	19	13	14	15	20
合計	40	38	37	41	28	27	23	20	20	26

注）年度ごとに当該年度内に派遣されている（本邦出発日および帰着日を含む）延べ人数を集計．
セミナーおよび研修講師も含む．

表 5.5 水道分野の専門家派遣状況（厚生労働省推薦分）

平成 20 年度長期専門家派遣状況（水道事業者等派遣分）

国　名	派遣機関名	指導科目	専門家所属
インドネシア	公共事業省人間居住総局	地方給水プロジェクト/水道政策	(社)日本水道協会
カンボジア	鉱工業・エネルギー省	水道事業人材育成プロジェクト（フェーズ2）	A市水道局
カンボジア	鉱工業・エネルギー省	水道事業人材育成プロジェクト（フェーズ2）	A市水道局
ブラジル	サンパウロ州基礎衛生公社	水供給システム管理プロジェクト	B市水道局
ネパール	公共事業計画省	地方水道人材育成	C府水道局水道部
ラオス	公共事業省住宅都市計画局	水道政策	B市水道局

平成 20 年度短期専門家派遣状況（水道事業者等派遣分）

国　名	指導科目	専門家所属
カンボジア	水道事業人材育成プロジェクト（フェーズ2）（配水施設維持管理（シェムリアップ管路敷設指導））	A市水道局
カンボジア	水道事業人材育成プロジェクト（フェーズ2）（配水施設維持管理（バッタンバン，プルサット管路敷設指導））	A市水道局
カンボジア	水道事業人材育成プロジェクト（フェーズ2）（配水施設維持管理（3都市水道事業計画，設計指導））	A市水道局
カンボジア	水道事業人材育成プロジェクト（フェーズ2）（塩素設備取扱研修）	A市水道局
カンボジア	水道事業人材育成プロジェクト（フェーズ2）（水質管理指導）	A市水道局
カンボジア	水道事業人材育成プロジェクト（フェーズ2）（浄水場運転指導）	A市水道局
ブラジル	無収水管理プロジェクト（配水管理（施設計画／施工管理））	B市水道局
ブラジル	無収水管理プロジェクト（配水管理（管網評価／ブロック化））	D市水道局
ベトナム	中部地区水道事業人材育成（配水管網計画）	E市水道局
ベトナム	中部地区水道事業人材育成（浄水処理）	E市水道局
ベトナム	中部地区水道事業人材育成（浄水処理）	E市水道局
ベトナム	中部地区水道事業人材育成（顧客サービス1）	E市水道局
ベトナム	中部地区水道事業人材育成（顧客サービス2）	E市水道局
ベトナム	中部地区水道事業人材育成（人材育成計画）	E市水道局
ベトナム	中部地区水道事業人材育成（人材育成計画2）	E市水道局
ベトナム	中部地区水道事業人材育成（水質管理）	E市水道局
ベトナム	中部地区水道事業人材育成（水質管理2）	E市水道局
ベトナム	中部地区水道事業人材育成（チーフアドバイザー/配水管理）	E市水道局
中国	節水型社会構築モデルプロジェクト（効率的な水資源管理）（普及啓発）	F市水道局
中国	節水型社会構築モデルプロジェクト（効率的な水資源管理）（普及啓発）	F市水道局

平成 20 年度調査団員派遣状況（水道事業者等派遣分）

国　名	指導科目	専門家所属
エジプト	シャルキーヤ県上下水道公社運営維持管理能力向上計画プロジェクト終了時評価調査	G市水道局
ケニア	効率的・経済的な水供給のための無収水プロジェクト詳細計画策定調査（第2次）	C府水道部
ネパール	地方都市における水道事業経営改善・人材育成支援プロジェクト事前調査	H市上下水道局
バングラデシュ	持続的砒素汚染対策プロジェクト終了時評価調査	国立保健医療科学院
エジプト	シャルキーヤ県上下水道公社運営維持管理能力向上計画プロジェクト終了時評価調査	C市水道局

厚生労働省ホームページ，「水道分野の国際貢献」より転載．
個別の市町村名は著者が置き替えた．

学校，病院，井戸，道路などの基礎インフラ整備や医療品，機材などの調達に用いられることが多かった。いわば「ハコモノ」である。「ハコモノ」は，たとえ立派なものをつくっても被援助国にノウハウが残らず，将来を担う人材育成につながらない。そのため，近年，被援助国の人材育成を目的とするキャパシティ・ビルディング（能力開発）などに対する「技術協力」の重要性が高まっている。

「水と衛生分野」における「技術協力」として，途上国からの研修員受入れ（2008年は885名）および途上国への専門家派遣（2008年は480名）がある。このうち上下水道分野の事業運営に関しては，これまでは地方自治体がおもな受け皿となってきた。

事業運営に関しては，途上国の水道が，安全で良質な水を継続して供給しつづけることができるようにするために，その国の自然的かつ社会的条件などに適合した水道施設を建設し，それを管理できる人材を育成し適切に管理する必要がある。そうした観点から，厚生労働省では，わが国のODA実施機関である独立行政法人国際協力機構（JICA）からの依頼を受けて，水道事業体や関係団体の協力により専門家の派遣を行っている。表5.4，表5.5に平成20年度の水道分野における実績を示す。なお，表5.5においては，専門家所属市町村名は公表されているが，ここでは個別市町村名をあげて批判する意図はないので，著者がA～H市と置き替えた。

水道事業に関する専門家派遣に関しては，経験と実績が重視されるため，実績豊富な自治体職員ないしは元自治体職員（OB）が任務にあたることが多く，民間からの参加はきわめて少ない。こうした活動自体は国際貢献としての立派な行為であり，非難されるべきものではない。しかし一方では，「ノウハウや人脈が自治体に蓄積されるのみで，ビジネス展開につながらない」という批判もあながち的はずれではない。

事業運営の分野においても，すべてとはいわないが，一定比率のいくつかは将来のビジネス展開を考慮して，民間に切り替えてはどうだろうか。技術協力としての長期専門家派遣，短期専門家派遣を選ぶのは，被援助国ではなく援助する側，すなわちわが国サイドの問題である。当然ながら国家戦略が必要であろう。将来のビジネス展開を途上国支援とは相反するものとして，端から否定する必要もない。

6
拡大するアジアの水需要を取り込め

　2009年末，日系主要グローバル企業の地域別収益の分析において，アジアの売上高が初めて米州を上回った。これは，日本経済新聞社が3月期決算企業（金融，新興3市場を除く）のうち連結の地域別収益を開示し，2001年3月期から比較可能な430社を半期ベースに集計，分析した結果である（2009年12月15日朝刊）。

　同新聞によれば，2009年4～9月期（上期）のアジア（オセアニアを含む）の売上高は16.2兆円となり，2009年10～3月期（直前下期）に比べて2%減少した。それに対して米州は7%減の15.8兆円となり，アジアが米州を半期ベースで初めて上回った。全体売上高の減少はリーマンショック後の景気低迷の影響で

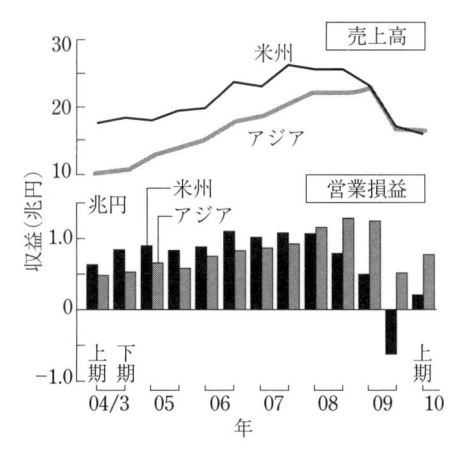

図 6.1　主要上場企業のアジアと米州の収益
日本経済新聞社 2009 年 12 月 15 日朝刊より転載

あるが，図 6.1 をみてもアジア市場の収益拡大傾向は明らかである．今後，わが国の産業界にとって，成長性の高いアジアへの収益シフトが最重要課題であることは，改めていうまでもない．

アジアおよび環太平洋諸国の「貿易自由化」に関連して，わが国においてはその是非をめぐり最近議論をよんでいる．なかでも「環太平洋経済協定 (Trans-Pacific Partnership, Trans-Pacific Strategic Economic Partnership Agreement：通称 TPP)」は APEC 参加国であるニュージーランド，シンガポール，チリ，ブルネイの4ヵ国が，2006年に発効させた貿易自由化を目指す経済的枠組みである．工業製品や農産品，金融サービスなどをはじめとする加盟国間で取り引きされる全品目について，関税を原則的に 100％撤廃するものだ．2015 年をめどに関税全廃を実現するべく協議が行われている．2010 年 11 月現在，米国，オーストラリア，ペルー，ベトナム，マレーシア，コロンビア，カナダなどが参加の意向を表明している．TPP が原則として例外を認めない貿易自由化の協定であることから，わが国ではコメをはじめ国内の農業・漁業関係者から「壊滅的な打撃を受ける」として反発する声が強い．

2010 年 11 月に横浜市で開催された APEC 首脳会議に際しても大きな議論をよんだが，首脳宣言である「横浜ビジョン」では，TPP は「ASEAN＋3」，「ASEAN＋6」などと並んで「アジア太平洋自由貿易圏 (Free Trade Area of Asia-Pacific：FTAAP)」を実現するための具体的な経済的な枠組みの候補の一つにあげられた．

TPP を含む貿易自由化は議論に時間を要する．

しかし，好むと好まざるとにかかわらず，成長するアジア市場での勝ち残りを賭けて，各国ではすでに国を挙げた取組みが始まっている．わが国は取り残されつつある感が否めない．水ビジネスにおいても，第2章で述べたイギリス，フランス，スペイン，米国，ドイツの先進国政府およびその企業，そして第3章で取り上げたシンガポール，韓国政府とその企業などは，アジア市場戦略を着実に進めている．

本章では，そのアジアにおける途上国市場について論じる．

6.1 ビジネスが期待される市場の要素

アジア市場と一口にいっても，その内容は実に多様である。

上下水道事業を「水ビジネス」として考えるうえでは，市場の「規模」，「成長性」，「収益性」を考慮することが必要であることはいうまでもない。

「規模」という点では，当然ながら水を消費する（あるいは下水を排出する）国家人口が多いことや，都市化が加速して需要が大きいことなどがポイントとなる。「成長性」では，現時点では水道および下水道の普及率は低いものの，今後10年程度で高い経済成長を遂げることが見込まれることがポイントとなろう。「収益性」では，一定のインフラ基盤ができつつあり，政情もある程度安定していることなどがポイントとなろう。それらすべてを完全に満足する市場は少なく，途上国であればことさらリスクが高いことを受け入れて考えざるを得ない。

上記の観点からスクリーニングを行った国々を表6.1に示す。

表中には，比較のために先進国も入れ，国民1人あたりの名目GDP（2008年）の高い順に並べてある。為替，物価（購買力平価），インフラ整備全般，社会保障制度，教育など，他にもさまざまな要素を勘案する必要があるが，便宜的にそうしたものは省略しても，おおむね「生活水準の高い順」に並べてあるといってもよい（近年，国民総所得GNIが用いられることも多いが，ここでは経済政策強論において比較的多く用いられるGDPを用いた）。

以下本章では，表6.1に記載されている国々について，すでに説明した国（イギリス，フランス，スペイン，シンガポール，韓国）を除き，表の上の方から説明する。つまり生活水準の高い順に説明する。なお，オーストラリア，米国，ドイツ，中国，インドに関しては，前著『水ビジネスの現状と展望』において詳述したので，ここでは割愛する。

マレーシアから始まり，タイ，インドネシア，フィリピン，ベトナムと順に読み進めていただくと，生活水準との関係において各国の水ビジネスの状況がよく理解できると思う。また，1人あたりGDPと国の経済レベルに関して，「先進国30,000〜40,000ドル」ライン，「世界平均9,000ドル」ライン，「モータリゼーション（オートバイ，自動車などの普及）3,000〜4,000ドル」ラインなどの指

表 6.1 各国の経済規模（国民1人あたりの名目 GDP の高い順）

	名目 GDP 2008 (百万米ドル)	世界の GDP に占める割合 (%)	国内総生産の実質成長率 2007年 (%)	国内総生産の実質成長率 2008年 (%)	人口 2008年 (1,000人)	国民1人あたり名目 GDP 2008年 (米ドル/人)
オーストラリア	1,016,897	1.7	3.7	1.0	21,074	48,254
米　国	14,096,717	23.2	2.0	1.1	311,666	45,230
ドイツ	3,649,469	6.0	2.5	1.3	82,264	44,363
イギリス	2,666,266	4.4	3.0	0.7	61,231	43,544
フランス	2,593,146	4.3	2.3	0.4	62,036	41,801
シンガポール	181,939	0.3	7.8	1.1	4,615	39,423
日　本	4,899,740	8.1	2.4	0.4	127,692	38,372
スペイン	1,604,224	2.6	3.7	1.2	44,486	36,061
韓　国	929,124	1.5	5.1	2.2	48,152	19,296
世界平均	60,817,624	100.0	3.9	2.2	6,750,062	9,010
マレーシア	221,437	0.4	6.3	4.5	27,014	8,197
タ　イ	282,158	0.5	4.9	4.8	67,386	4,187
中　国	4,327,024	7.1	13.0	9.0	1,337,411	3,235
インドネシア	510,779	0.8	6.3	6.0	227,345	2,247
フィリピン	168,580	0.3	7.2	4.6	90,348	1,866
インド	1,253,860	2.1	9.1	7.3	1,181,412	1,061
ベトナム	90,645	0.1	8.5	6.2	87,096	1,041

総務省　統計局・政策統括官・統計研修所の統計データを用いた。

標を念頭においてみるとさらに理解が深まる。

なお，OECD の開発援助委員会（DAC）では，1人あたり GNI などにより援助国を「後発途上国」，「低所得国（825 ドル以下）」，「低中所得国（826〜3,255 ドル）」，「高中所得国（3,256〜10,065 ドル）」などと分類している（括弧内の数字は 2007 年実績を通用）。GNI と GDP の乖離は国により異なるので，一概にはいえないが，表 6.1 の数字をそうした観点から置き換えて読んでも概ねのイメージをつかむうえで大きな問題はない。

当然ながら，生活水準が高い国では，わが国の技術をそのまま輸出してもコスト的に見合う可能性もあろうが，すでにライバル企業も多く競争は避けられない。現地企業との合弁設立や M&A による現地企業買収などが必要となる。一方，生活水準が低い国では，水道や下水道関連の制度が未成熟で普及率も低い。その分，今後の市場の拡大が期待できるが，市場参入するにはいかにコストを低く抑えるかが肝要となる。また，リスクもかなり高いことを受け入れる必要がある。ある

国が他の国と比べてビジネスチャンスが大きい（あるいは小さい）ということではなく，それぞれの国情に合わせた個別戦略が必要である

6.2　マレーシア—民営化を梃子に上下水道施設整備を進める

6.2.1　国の基礎情報

　マレーシアは半島マレーシアとサバ州およびサラワク州があるボルネオ島北部から成り立っており，13州および三つの連邦地域（クアラルンプール，プトラジャヤ，ラブアン）から構成されている。国全体が赤道に近く，熱帯雨林気候に属しており，年間の平均気温は26〜27℃である。総務省統計局「世界の統計」によれば，国土面積はわが国の約0.9倍の330,873 km^{2}であり，その約60％は熱帯雨林に覆われている。2007年時点の人口は2,831万人であり，ASEAN（東南アジア諸国連合）の中で6番目である。人口構成はマレー系が一番多く66％を占め，次に中華系26％，最後にインド系8％とつづく。言語や宗教も多様である。言語に関しては国語に指定されているマレー語のほかに，中国語，タミール語そして英語が話される。宗教に関しても連邦の宗教であるイスラム教（約6割）のほかに，仏教（約2割），キリスト教（約1割），その他ヒンドゥー教，儒教が存在している。国内ではブミプトラ（土地の子）政策を中心とした，マレー系人種に対する優遇措置が採用されるなか人種間の対立も起きている。

　1986年以降，外資の積極的な導入による輸出指向型工業化政策を推進し，高度成長を達成した。1997年にアジア通貨危機による経済困難に直面し，1998年にマイナス成長（−7.4％）を記録したが，その後は製造業を中心に回復し1999年以降はプラス成長を維持していた。2008年のリーマンショック以降，世界的な金融危機の影響に伴う輸出の減少により，2009年の経済成長率は大幅に下落し，再びマイナス成長（−1.7％）を記録したものの，2010年はIMF（国際通貨基金）の「世界経済の見通し」の中で4.7％の成長が期待されると予想されている。

　マレーシア政府は2010年6月，2011年から2015年までの中期経済開発計画となる「第10次マレーシア計画」を発表した。高所得国入りを目指して，GDP

成長率の目標値を年間5.8%に設定し，1人あたりGDPを15年までに12,140ドルまで引き上げる目標だ。予算規模は第9次計画と同じく2,300億リンギを予定している。近年増大している財政赤字を考慮し，財政赤字のGDP比を10年の5.3%から15年には3%以下に抑えていく方針も打ち出している。

6.2.2　マレーシアの水・環境政策

マレーシアは連邦制を採用しているため，州（State，マレー語ではNegeri）は国家に準ずる位置づけとなっており，各州は元首を有し憲法を制定している。連邦憲法では，連邦が州憲法を尊重しなければならないと規定されている。しかしながら，実質的には，ボルネオ島北部のサバ州とサラワク州を除き，半島マレーシアにある11州については連邦政府が強い権限を有している。マレーシアの行政をおおまかに捉えると，半島マレーシア（11州および3連邦地域），サバ州，サラワク州からなる連邦国家とみることができるともいわれている。

マレーシアの上下水道事業は2006年に制定された「国家上下水道事業委員会法（National Water Services Commission Act 2006）」と「上下水道事業法（Water Services Industry Act 2006）」，および1993年に制定された「下水道事業法（Sewerage Services Act 1993）」により，連邦政府の強い関与の下で事業運営されていることが特徴である。

上下水道施設の設置・管理と事業運営に係る最終的な責任は連邦政府にあり，エネルギー・環境技術・水省（Ministry of Energy, Green Technology and Water，マレー語ではKementerian Tenaga Teknologi Hijau dan Air）が所管官庁となっている。上下水道事業者は連邦政府の許可登録制であり，「国家上下水道事業委員会（National Water Service Commission：マレー語でSuruhanjaya Perkhidmatana Air Negara：SPANと略される）」が水道事業および下水道事業者に関する事業認可および規制，監督，処分の権限を保有している。

国家上下水道事業委員会はエネルギー・環境技術・水省大臣の任命により，議長（Chairman），財政，経営，技術などの分野の有識者および最高経営責任者（CEO）の11名で構成されている。三つの局（Department，水道規制局，下水道規制局，経済・社会規制局）および4部門（Division，規制改革，R&D，法務，総務），1ユニット（人事）があり，さらに四つのリージョナル・オフィスによ

り運営されている。

6.2.3 マレーシアの上下水道事業者

a. 上水道事業―施設建設，維持

上水道事業に関しては，施設の保有と事業運営を分離していることが特徴である。施設保有に関しては，2006年に「水道資産管理機構（Water Asset Management Company：WAMCo, マレー語では Pengurusan Aset Air Berhad：PAAB とよばれる）」が，財務大臣法人組織（Minister of Finance Incorporated）の全額出資による国営会社として設立されている。

この水道資産保有・管理機構は，水道施設整備に伴う州政府の財政負担を軽減することを目的として設立された機関である。上下水道事業法に基づき，半島マレーシアおよび連邦地域を対象に水道施設を建設，保有し，その改築・修繕を行うとともに，運転管理を行う水道事業者に水道施設をリースしている。水道資産保有・管理機構のホームページによれば，資本金総額は10億RM（1マレーシア・リンギ＝26円換算で，約260億円）まで認可されており，2010年10月時点での払込資本金は4.1億RM（同，約107億円）である。

b. 上水道事業―施設運転

施設の運転は前述の国家上下水道事業委員会から事業認可を得た事業者が行っている。これまで州が運営してきた水道事業に対して株式会社化が進められているが，株式の保有形態に関しては，州と民間企業の共同出資を認めるなど，各州の判断にゆだねられており，民営会社，公営会社，第三セクターなどが混在している。また，株式会社化が未だ行われていない州では，浄水施設と給排水施設の運転を分けて，浄水場の運転を民間委託し，給排水施設の運転を州が行うなどというケースもある。

c. 下水道事業

半島マレーシアのほとんど地域で下水道を運営しているのはインダー・ウォーター・コンソーシアム（Indah Water Konsortium Sdn Bhd：IWK）である。IWKは水道資産管理機構と同様，財務大臣法人組織が100％株式保有する国営会社で

ある。ちなみに，インダー（Indah）とはマレー語で「きれいな」という意味である。

前述の「下水道事業法」により，1993年に下水道施設の設置・管理と事業運営に係る全権限と責任が地方自治体から連邦政府に移管され，地方自治体または州政府が保有していた下水道資産と債務はすべて連邦政府に譲渡された。それまで全国の144地方自治体が行ってきた下水道の整備は，資金不足により急激な都市化に追いつくことができず，また開発業者が設置した後に地方自治体に移管された下水道施設の管理についても，予算，熟練技術者の不足や使用料の徴収が困難であることを理由として，適切な管理が行われてこなかったことが背景にある。

これと同時に，連邦政府は事業の管理・運営を効率化し，下水道整備を促進するため民営化に着手した。同年11月には，翌1994年から2022年まで28年間のコンセッション契約により，IWKに下水道施設の建設と管理運営を委託した。発足当初のIWKは民間企業の出資による民間会社であったが，適正水準の料金設定と徴収が困難であったことなどから財務状態が悪化し，2000年6月にマレーシア財務省がその全株式を買い取ることにより国営企業化され現在に至っている。IWKのホームページでは，2010年10月現在，5,750ヵ所以上の公共下水道処理場および13,000km以上の管渠の管理を行っているとしている。

6.2.4 マレーシア水ビジネスの主たる事業者

マレーシアの水道は州による運営，民営株式会社，公営株式会社，第三セクターが混在していることは前述のとおりであるが，民営株式会社の例としては，ジョホール州の浄水および配水施設運転を行う「SAJホールディング」がある。親会社のランヒル（Ranhil Berhad）は，オーストラリアのエンジニアリング会社Rankine & Hillのクアラルンプール事務所が母体となり1973年にRanhill Bersekutu Sdn Bhdとして設立された会社である。その後1981年にマレーシアパートナーが株式を100％買い取って，マレーシア資本の会社となり，2001年にマレーシア証券取引所に上場している。資本金は537百万RM（1マレーシアリンギ＝26円換算で約140億円），従業員4,000人で，2009年度の売上は22億RM（同約570億円）。ジョホール州において上水道施設の設計，建設および運転管理を行うほか，高速道路の建設・運営，サバ州の電力プラントの建設および

6.2 マレーシア—民営化を梃子に上下水道施設整備を進める　135

表 6.2 マレーシアにおける飲料水，衛生施設の状況

	1990年			2008年		
	全体	都市部	農村部	全体	都市部	農村部
人口（千人）	18,103	9,014	9,089	27,014	19,038	7,977
〃　　（%）		31	69		52	48
改善された飲料水普及率（%）	88	94	82	100	100	99
管給水率（%）	72	86	59	97	99	91
改善された衛生設備普及率（%）	84	88	81	96	96	95

WHO/UNICEF Joint Monitoring Programme (JMP) for Water Supply and Sanitation データベース収録データより（2010年10月時点）。

運転管理などを行っている。海外では，リビアにおけるビル建設，スーダンの油田開発などを手掛けている。水ビジネス分野では，中国江西省宜春市における上水道BOT契約，タイのAmata Nakorn工業団地における用水供給および排水処理などにBOT契約などを受注している。

民営株式会社の例としては，他にも「ワイエルティ・コーポレーション（YLT Corporation Berhad）」のように，マレーシア国内では公共の水道施設の運転管理は行っていないものの，イギリスの民営化上下水道会社10社のうちの1社であるウェセックス・ウォーターの株式を2002年に買収するなどして，海外で存在感を高める企業もある。ワイエルティ・コーポレーションは1955年に設立されたマレーシアの最大手コングロマリットの1社である。エネルギーや鉄道分野の施設建設・運営，不動産開発，セメント製造などをを広範な事業を手掛けている。2009年度のアニュアルレポートによれば，資本金売上約8,892百万RM（約2,312億円），税引き後利益1,402百万RM（37億円）である。1996年に東京証券取引所にも上場している。

6.2.5　マレーシア水ビジネスにおける今後の重要課題

管給水率は国全体としては97%程度まで高まり，都市部ではほぼ水道が普及しているが，農村が多い州（クランタン州，サバ州，トレンガヌ州など）においては依然管給水率が低い地域が残っている（表6.2参照）。マレーシア政府は「第10次マレーシア計画（Tenth Malaysia Plan 2011-2015）」において，農村地域

の水道普及率を半島マレーシアにおいて99%, サバ州において98%, サラワク州において95%以上とすることを目指している。

マレーシアにおける無収水率は, Malaysia Water Associationが発行する「Malaysia Water Industry Guide」によれば2003年時点で全国平均は40.6%と高く, その原因は漏水(16～30%), 水道メーターの誤差(3～7%), 盗水(1～8%)とされている。地域間格差も大きく, サバ州, スンビラン州, パハン州など全国平均を大きく下回る州をはじめ, 今後その対策が重要課題となろう。

6.3 タイ王国—上下水道分野のPPP導入が進む 今後の政情安定が鍵を握る

6.3.1 国の基礎情報

タイはインドシナ半島の中央部に位置し, 北西部から西部にかけてはミャンマー, 東北・北部はラオス, 東南部はカンボジア, 南部はマレーシアに接している。国土面積は513,115km^{2}とわが国の約1.4倍で, 人口は6,776万人(2009年政府統計)である。公用語はタイ語であり, 首都バンコクには人口572万人(2007年国家統計局)が住む。人口の約95%が仏教徒であり, 他にはイスラム教4%, キリスト教0.6%などの少数派が存在する。民族的には大多数がタイ族で, 他には, 華僑, マレー族, 山岳少数民族などが少数存在する。

北部は比較的気候が涼しく山岳地帯が多い。広い面積を有する東北部は, 降雨量はあっても土地に保水力がなく乾燥し, また土質に塩分を含んでいることなどから, 不毛の大地といわれている。中央平野部はチャオプラヤ川によりチャオプラヤデルタが形成されることで世界でも有数の肥沃な地域となり, 米の二毛作をはじめ農作物の栽培が行われている。南部はアンダマン海とタイ湾に挟まれており, 昔からスズやゴムの産地として有名である。パーム油の生産や観光業も盛んで, 中央平野部とならぶタイの富裕な地域となっている。

政治制度は立憲君主制であり, 国王が国家元首である。しかし, その権限にはタイ王国憲法によりさまざまな制限が加えられており, 国政の最高責任者は首相である。平時には国王は象徴的な存在であるが, 政治危機に際しては国王の政治

や軍事への直接的または間接的な介入がみられ影響力は大きい。

タイ国憲法が最初に制定されたのは1932年であるが，軍事クーデターにより政権交代，憲法廃止，総選挙，新憲法制定がたびたび繰り返されている。最近では，2006年に軍事クーデターが発生し，1997年タイ王国憲法が廃止された。クーデターは国王の介入により収拾され軍事政権が発足した。同年暫定憲法が公布され，スラユット・チュラーノンが暫定首相に着任した。2007年には2007年タイ王国憲法が公布され，民政復帰が開始された。2007年12月に下院選挙，2008年3月に上院選挙が行われている。2008年1月には選挙の結果を受け，クーデターで政権を追われたタクシン系の文民のサマック・スントラウェートが首相に就任した。サマック首相は出演料を得てテレビ番組に出演していたことが発覚し，首相の副業禁止にあたる憲法違反により辞任。10月にタクシン元首相の義弟であるソムチャーイ・ウォンサワットが首相に就任したが，憲法裁判所から選挙違反のため解党命令が出され失職。12月には民主党のアピシット・ウェートチャーチーワが首相に就任している。2006年のクーデター以降は，国民の間でタクシン派（反独裁民主戦線）と反タクシン派（民主市民連合）が鋭く対立しており政情は安定していない。

経済的には，政治が安定した1985年から1995年にかけての10年間は，外国企業の積極的な進出を背景に年間平均9％の経済成長率を記録した。1997年に，アジア通貨危機によって経済は停滞したが，財閥による同族支配の廃止や外国資本の積極的な受入れにより輸出産業が回復した。1999年には，経済成長率は再び4％台を記録，2003年には6％台を記録した。この好景気を背景に中流階級の台頭が起こっている。外務省によれば，農業は就業者の約40％強を占めるが，GDP（2008年）では約1割にとどまる。その一方で，製造業の就業者は約15％であるが，GDP（同）の約36％，輸出額の約85％を占めると報告されている。タイにとってわが国は最大の貿易額と投資額，援助額を有しており，バンコク日本人商工会議所会員数は1,300社を超える（2010年2月）。また，メコン地域開発を進める上でわが国は重要なパートナー国家である。

6.3.2 タイの水・環境政策

タイは基本的には中央集権国家であるが，その行政構造は1993年に国家行政組織法が導入されて以来，「中央行政」，「地方行政」および「地方自治行政」により構成されている。このうち地方行政とは，国が中央政府官僚を知事や群長として国の地方出先機関に派遣して行う行政であり，地方自治行政とは各地方自治体が行う行政である。つまり，市民行政に関しては，国による地方行政と地方自治体が行う地方自治行政の2本立てとなっている。

自治体国際協会「ASEANの地方自治」(2004)によれば，国による地方行政は，県（Province，タイ語ではチャンワット），郡（District，タイ語ではアンプー）・支郡（Minor District，タイ語ではキン・アンプー），行政区（Sub District，タイ語ではタムボン），村（Village，タイ語ではムーバン）という系列がある。これらは国の地方出先機関であり，地方自治体とよべる行政単位ではない。

他方，地方自治行政は，県自治体（PAO：Provincial Administration Organization，タイ語ではオー・ボ・チョー），市町自治体（Municipality，タイ語ではテッサバン），タムボン自治体（TAO：Tambon Administrative Organization）の三つの形態がある。また，特別な形態の地方自治体として，バンコク首都（BMA：Bangkok Metropolitan Administration）およびパタヤ特別市（City of Pataya）の2都市がある。

タイにおいて水・環境政策に関与するおもな省庁は以下のとおりである。

・天然資源環境省（Ministry of Natural Resources and Environment：MONRE）
水資源の開発，地下水の保全，水質汚濁の防止，汚水処理などを管轄している。

・農業省（Ministry of Agriculture and Cooperatives：MOAC）
灌漑用水および農業用地の開発，保全を管轄している。

・内務省（Ministry of Interior：MOI）
首都圏水道公社（Metropolitan Waterworks Authority），地方水道公社（Provincial Waterworks Authority：PWA），および全国の地方自治体（Local Government Agency）を統括し，上下水道事業運営を管轄している。

・工業省（Ministy of Industry：MOI）

工業地区における用水供給および産業排水処理を管轄している。

上下水道事業に関しては，「1953年市町自治体法」，「1997年県自治体法」，「1994年タムボン評議会およびタムボン自治法」および「1999年地方分権法（Power Decentralization Act）」などに基づき，地方自治行政が行うこととされており，以下に示す事業形態で運営管理が行われている。

a. 上水道

バンコク首都：首都圏水道公社（Metropolitan Waterworks Authority：MWA）
バンコク首都圏およびその近郊（ノンタブリー，サムットプラカーン）を対象に，上水道事業運営を行っているのが，首都圏水道公社（MWA）である。首都圏水道公社の事業概要は表6.3のとおりである。

県自治体：地方水道公社（Provincial Waterworks Authority：PWA）　バンコク首都圏を除いた人口5,000人以上の都市を対象として，水道事業運営を行っているのが地方水道公社（PWA）である。世界銀行報告書「Thailand Infrastructure Annual Report 2008 (Chapter V: Water, Sanitation and Low-Income Housing Sector)」によれば，2006年には全国73県自治体において，248万戸，1,066万人を対象に給水サービスを提供しており，対象区域人口の96.41％をカバーしている。

市町自治体など　首都圏水道公社および地方水道公社が水道サービスを提供

表 6.3　首都圏水道公社の事業概要

項　目	2004年	2005年	2006年	2007年	2008年
生産量(百万 m^3)	1,538.30	1,628.10	1,699.70	1,739.30	1,765.70
有収水量(百万 m^3)	1,076.00	1,131.00	1,173.00	1,224.00	1,250.60
有収率(％)	69.9	69.5	69	70.4	70.8
顧客数(接続栓数)	1,607,921	1,684,505	1,749,013	1,804,324	1,859,573
職員数(人)	4,571	4,463	4,273	4,157	4,083
給水対象エリア(km^2)	1,546	1,855.40	2,049.00	2,139.20	2,250.50
総収入(百万バーツ)	14,380.80	15,348.10	15,823.90	16,362.70	16,807.50
総費用(百万バーツ)	11,148.50	10,651.10	10,892.10	11,359.50	12,276.20
純利益(百万バーツ)	3,232.30	4,697.00	4,931.80	5,003.20	4,531.30
総資産(百万バーツ)	54,080.50	55,433.00	56,572.30	57,059.90	58,260.20

MWAホームページ掲載データを元に編集。

しない農村地域などにおいては，内務省・公共事業計画局（Department of Public Works and Town and Country Planing），保健省・健康局（Ministry of Health, Department of Health），天然資源環境省・天然資源局（Ministry of Natural Resources and Environment, Department of Mineral Resources）および各地方自治行政の責任において，給水事業が運営されている。2007年の内務省調査によれば，69,763農村のうち，78%にあたる54,447農村にはパイプ給水が行われているが，残り22%にあたる15,316農村にはパイプ給水が普及していない。

b．工業地区

工業地区における用水供給は「イースタン・ウォーター・リソース・アンド・マネジメント（Eastern Water Development and Management Public Company Limited：通称イースト・ウォーター）」および「インダストリアル・エステート・オーソリティ・オブ・タイランド（Industrial Estate Authority of Thailand：IEAT）」により運営されている。

イースト・ウォーターは地方水道公社（PWA）により1992年に設立された会社で，1997年に株式市場に上場し公開会社となっているが，2010年9月末時点でのPWAの株式保有率は40.2%となっている。他には，Electricity Generating Public Company Limitedが18.72%，IEATが4.57%の株式を保有するなど，公共保有による株式会社といえる。タイ東部湾岸部工業地区を中心にUniversal Utilities Company Limited, Water rades and Services Company Limited, Chachoengsao Water Supply Company Limited, Bangpakong Water Supply Company Limited, Nakornsawan Water Supply Company Limitedといった五つの子会社を保有しており，チョンブリ（Chonburi）県，ラヨーン（Rayong）県，チャチュンサオ（Chachoengsao）県において，浄水施設の建設および運転維持管理を行っている。同社アニュアルレポートによれば，2009年度の連結売上は2,879百万バーツ（1バーツ，2.74円換算で77.7億円），利益は808百万バーツ（同21.8億円）である。

c．下水道

前述の世界銀行報告書「Thailand Infrastructure Annual Report 2008 (Chapter V:

Water, Sanitation and Low-Income Housing Sector)」によれば，タイでは2006年時点において日量1,400万m^3発生する汚水のうち，バンコク首都およびパタヤ特別市から250万トン，市町自治体から250万m^3，タムボン自治体において900万m^3発生している。下水処理場は全国で95ヵ所建設されており，うち7施設がバンコク首都，2施設がパタヤ特別市，82施設が市町村自治体，3施設がタムボン自治体のものである。

全下水処理施設の処理能力の合計は2,969,490m^3であるが，実際の処理量は約6割であり下水処理量は発生量全体の14%にすぎない。また，多くの施設は下水道管路の普及が進んでおらず，施設利用率は50%に満たないものが多いことも報告されている。さらに，活性汚泥法やオキシデーション・ディッチ法などの生物処理を行う施設は一部であり，多くは池に下水を流入させて，藻類などの微生物により自然浄化処理を行う安定化池法などによるものである。95施設中6施設が放流基準を満たしていないと報告されている。

こうした下水処理状況を改善するため，1995年WMA設置法によって，地方都市の下水道事業を支援するために「下水道公社（Waste Management Authority）」が設立されている。下水道法や下水道事業補助金制度など恒久的な国の行政・財政面でのサポートが十分でないなか，WMAは専ら地方自治体を支援する組織として存在している。

6.3.3 タイ水ビジネスの主たる事業者

タイの水道事業は，バンコク首都圏を対象とする首都圏水道公社（MWA），バンコク以外の都市を対象とする県自治体水道公社（PWA），および農村部では各地方自治体が運営管理を行っている。

PWAにおいてはPPP導入が進んでおり，PWAによる公表資料「Private Sector Participation in PWA's Business」（January 2010）によれば，2010年1月時点では，BOOT契約4件，BOO契約5件，リース契約2件，BTO契約1件をそれぞれ民間企業との間で締結している。契約期間はいずれの契約も15年から30年と長期間に及ぶものである。

PWAが最初にBOOT契約を締結したのは1995年であり，PathumthaniおよびRangsitにおいて，パトンタニ・ウォーター（Pathum Thani Water Co.,Ltd.）

に対して，25年間の浄水および給水施設の建設と運営を委託した。当初の計画水量は28.8万 m^3/日であったが，2006年に新たに7万 m^3/日を追加する契約が契約されている。最低保証水量として，26万 m^3/日（追加契約分に関しては6万 m^3/日）が設定されている。1997年のアジア通貨危機後には，PWAを民営化することも検討されたが，国内の反対意見が多く民営化は廃止され，現在は官民パートナーシップの推進により事業運営が行われている。

前述のイースト・ウォーター以外にPPPの受け皿となる企業のなかで，最大の民間会社は「タイ・タップ・ウォーター・サプライ（Thai Tap Water Supply Public Co., Ltd.：TTW）」である。TTW社は2000年に設立され，2004年に操業を開始した水道事業会社である。タイ大手建設会社であるチョーカンチャンが株式の47％を保有するほか，三井物産も35％出資している。2007年6月に，TTWは同じくチョーカンチャンが出資参画するパトンタニ・ウォーター（PTW）を買収し両社を統合した。TTW取締役松本知明氏（日本貿易会月報2008年2月号，No.656）によれば，TTWとPTW両社はともに県自治体水道公社（PWA）への上水供給を行っており，2008年6月にはTTWとPTW両社合わせた上水供給能力を約70万 m^3/日まで拡張する予定であり，これはPWAの給水総量の約3分の1に達する規模となるという。

下水道分野においても同様に，運転管理におけるPPP導入は行われており，チャアム，パタヤ，プーケットなどにおいて民間事業者への委託例がみられるほか，官公民が出資する第三セクターにより事業を行う例として，工業省，IEATおよび民間企業の出資による「ジェネラル・エンバイロメント・コンサベーション（General Environment Conservation Public Co.,Ltd.）」が設立されている。

6.3.4 タイ水ビジネスにおける今後の重要課題

1990年に国連ミレニアム・ゴールとして設定した目標である「2015年までに安全な飲料水と基本的衛生にアクセスできない人口比率を半減する」という目標に対し，2008年時点でおおむね目標を到達している。今後は，良質で十分な水を効果的なマネジメント，組織，法制度によって，2025年までにすべてのユーザーに対して提供することを目標としている。

今後，人口増加および都市化の進展により，水道施設の普及加速が求められる。地方分権化が進められるなか，地方自治体における水道経営運営能力の向上が課題である。また，前述のとおり，県自治体における無収水率が26％程度であることから，無収水対策も課題である。

一方下水道運営においては，多くの場合下水道料金は徴収されていないか，仮に徴収されていても必要な経費をはるかに下回る分しか回収されていない。タイでは，一般に未だ下水道の必要性が十分に認識されていないことも大きな理由である。今後，コストリカバリー率を上げることが課題となる。

6.4 インドネシア共和国—経済成長著しい東南アジア最大市場

6.4.1 国の基礎情報

東南アジア南部に位置する共和制国家であるインドネシア共和国は，中国，インド，米国に次ぐ世界第4位の2億2,800万人（2008年政府推計）の人口を擁し，国土面積は約189万km^2とわが国の約5倍に相当する。大小約17,000もの島々により構成され，世界最大の群島国家としても知られている。大きな島としてジャワ島，スマトラ島，カリマンタン島，スラウェシ島，イリアン・ジャヤ島がある。このうち国土の7％，面積13万km^2のジャワ島には，ジャカルタ首都特別州（人口約914万人，2008年政府推計）を含む5州があり，国全体の半数以上の人口約1億2,400万人が集中する。

約300の民族で構成されており，公用語はインドネシア語であるが，方言レベルまで含めると数百種類の言語が使われているという。また，世界最多のイスラム教徒人口を抱えるが，インドネシア共和国憲法では信教の自由を保障しており，イスラム法による統治を行うイスラム国家ではない。

政治面では1999年に政党結成が自由化され，総選挙が実施されたほか，2002年に正副大統領の直接公選制および国会（Dewan Perwakilan Rakyat：DPR）と地方代表議会（Dewan Perwakilan Daerah：DPD）から構成される二院制が導入された。また，国会における国軍割当て議席の撤廃なども行われ，民主的政治制度の基礎が固められた。1999年には，「地方分権法（Law No.22/1999 on

Regional Governance）」および「中央地方財政均衡法（Law No.25/1999 on Fiscal Balance Between the Centre and the Regions」が制定され，2001年に施行された。外交・国防，財政，宗教などを除く，すべての行政権限を地方自治体に移譲する地方分権が推進されている。こうした民主化と地方分権の推進により，民族や宗教に基づく対立はなくなりつつある。国政をみると，2009年総選挙における上位3政党（民主党，ゴルカル党，闘争民主党）は，特定の民族，宗教，言語，地域に基づかない世俗主義政党であり，同3政党の獲得議席数は全体の6割を超えている。

　経済面では1997年7月のアジア通貨危機後，政府はIMFとの合意に基づき，経済構造改革を断行した。2005年以降は好調な個人消費と輸出に支えられ，5%後半〜6%台の経済成長を達成。2007年は経済危機以降最高の6.3%を記録。2008年は第3四半期までは6%台の経済成長を維持。欧米の経済危機による輸出の伸び悩み，国際金融危機の影響などにより第4四半期には5.2%に減速したが，通年では6.1%となり，前年同様6%台を維持。2010年は政府の金融安定化政策，景気刺激策，堅調な国内消費により，世界的にも比較的高い成長率を維持しており，6%台の成長となる見込みである。

　インドネシア経済を他のASEAN諸国と比較すると，以下の点が特徴といえる。国土・人口・経済規模でASEAN最大であり，巨大な人口を背景に国内需要が伸展している。その一方で，群島国家である地理的制約および道路・港湾などのインフラ整備が遅れていることから，対外直接投資や輸出入額のGDP比は相対的に低い。つまり，当面のインフラ整備が最大の課題であり，そのいかんによって，巨大な市場が出現する可能性を秘めた国といえる。

6.4.2　インドネシアの水・環境政策

a.　水・環境行政

　インドネシアにおいて国家開発政策の柱となるのが，2005年から2025年までの20年間を対象とする「国家長期開発計画 RPJPN2005-2025（Rencana Pembangunan Jangka Panjang Nasional，英語では National Long-Term Development Planning）」であり，同長期計画に基づき5年ごとの中期開発計画

として，現在は「国家中期開発計画 RPJMN2010-2014（Rencana Pembangunan Jangka Menengah Nasional，英語では National Mid-Term Development Planning）」が推進されている。各省庁は，この RPJPN と RPJMN を踏まえてセクター別の政策および戦略計画を策定している。国レベルでは公共事業省（Ministry of Public Works）が水資源開発を担っているほか，以下に示す複数省庁が上下水道行政に携わっている。

- 公共事業省（Ministry of Public Works）
  水・衛生，道路，橋梁施設の建設に係る技術監督官庁として，基本方針，技術基準，ガイドライン，マニュアルなどを作成し，監督している。
- 内務省（Ministry of Home Affairs）
  地方自治法（Law No. 22, 1999）に基づき，地方行政の監督官庁として，水道料金設定，PDAM マネジメント，債務管理，会計制度，財務パフォーマンス評価などに関するガイドラインを発行し，監督している。
- 財務省（Ministry of Finance）
  国の水道関連企業を介する水道施設の保有者であり，海外からの借款や国債による水，衛生施設整備のファイナンスを手掛けている。
- 保健省（Ministry of Health）
  飲料水に関する水質基準を定め，監督・管理している。
- 鉱業・エネルギー省（Ministry of Mines and Energy）
  地下水の開発利用に関する監督官庁。
- 環境相（Minister of Environment）
  水質汚濁管理をはじめとする環境問題に関する方針を定めている。

インドネシアは 1 首都特別州，2 特別州および 30 州で構成されているが，「州（Propinsi）」は「県（Kabupatan）」と「政令市（Kotamadya）」で構成され，それらはさらに「郡（Kecamatan）」や「村（Kelurahan）」などで構成される。このうち地方自治体として位置づけられ議会が設置されているのは州，県，政令都市である。

地方分権化二法とよばれる「地方分権法」および「中央地方財政均衡法」が 1999 年に制定され，地方分権が進められたことは前述のとおりだが，県・政令

表 6.4 インドネシアにおける飲料水，衛生施設の状況

	1990 年			2008 年		
	全体	都市部	農村部	全体	都市部	農村部
人口（千人）	177,385	54,251	123,134	227,345	117,196	110,149
〃 （%）		31	69		52	48
改善された飲料水普及率（%）	71	92	62	80	89	71
管給水率（%）	9	24	2	23	37	8
改善された衛生設備普及率（%）	33	58	22	52	67	36

WHO/UNICEF Joint Monitoring Programme (JMP) for Water Supply and Sanitation データベース収録データより（2010 年 10 月時点）．

市には完全な自治権が与えられている．首長の選出において国や州の干渉を受けない．州には県・政令市をまたがる広域的な事務を担当する限定的な自治権が与えられている．よって，もっとも重要な地方自治の単位は県・政令市ということになる．

地方分権により，現在，上下水道事業はすべて政令市・県の水道公社（PDAM：Perusahaan Daerah Air Minum）に移管されている．PDAM は現在，全国で 335 存在する．

また，複数の地方自治体にまたがる水源開発および地方自治体に浄水を供給する用水事業（バルクウォーター）については，公共サービス機関（Badan Layanan Umum：BLU）が実施している．その他，村落部における上下水道事業は国，州政府，県政府，村落が共同で「PAMSIMAS プログラム」とよばれるプロジェクトを実施し，コミュニティ，水利用組合による運営維持管理が行われている．

WHO と UNICEF による共同モニタリング・プログラムデータベース「WHO/UNICEF Joint Monitoring Programme (JMP) for Water Supply and Sanitation」によれば，2008 年の「改善された飲料水（improved water）」の供給率は，国全体では 80% となっている．「改善された飲料水」とは，給水管による住居への給水のほかに，公共の給水栓，保護管理された井戸や湧水，雨水溜などを意味しており，わが国の各戸給水による水道とは大きく異なる点に注意を要する．水道普及率に該当する「管給水（piped water）」は 23% に留まる．

また,「改善された衛生(下水)施設」の普及率は,2008年時点で,都市部では67%,農村部では36%,全体としては52%であった(表6.4参照)。「改善された衛生(下水)施設」とは,水洗付きの下水道・浄化槽・屋外便所,換気施設付きの屋外便所,堆肥用(汲取り式)便所などを指すもので,これもわが国の下水道普及率とはまったく意味が異なる。飲料水の場合と同様に注意が必要である。

b. 法 律

インドネシアの法律は憲法(constitution),法律(law),政府令(government regulation),大統領令(president regulation),省令(ministerial regulation),地方条例(local regulation)というヒエラルキー構造になっている。

インドネシア共和国憲法(1954年制定)第33条において,水,衛生分野に関しては土地,水および天然資源は人の権利として用いられるべきであり,国の管理下におかれるとされてきた。その後,2001年に施行された地方分権化二法によって,現在,上下水道事業は全国に335存在する政令市・県の水道公社(PDAM:Perusahaan Daerah Air Minum)に移管されている。しかし,水資源の配分などにおいて,州間やPDAM間の調整が必要とされる際には,国および地方自治体が連携して問題を解決するために,2004年に「水資源法(Law No. 7/2004 on Water Resources))」,2005年に「水道システムの開発に係る政府令(Government Regulation No.16/2005 on Drinking water provision System)」がそれぞれ制定されている。

「水資源法」は水資源開発,利用,管理,運営などに関する中央政府と地方政府の責任や役割分担を規定するものである。また,「水道システムの開発に係る政府令」は,国の最終責任の下地方行政に対し住民に対する必要最低限の水を供給する義務を課す法令である。「水源法」においては,個人や企業でも政府・地方政府の許可を得ることにより,水開発権(water exploration right)が取得できるとしており,水道事業の民営化に向けた法制度整備として注目される。PDAMが直接サービスを提供することが困難である場合には,民間企業などに委託(インドネシア語ではKerja Sama Operasi,英語ではcooperation contract)することが可能とされている。

インドネシアにおいては,RPJMN 2010-2014において,今後5年間で平均年

率6.3〜6.8%の経済成長率を達成するために，道路，鉄道，電力，上下水道など広範なインフラ整備に約12,000兆ルピア（1ルピア0.001円換算で120兆円）が必要とされると推計されている。このうちインドネシア政府による投資可能額は約2割（約24兆円）であると政府は発表している。したがって，官民パートナーシップによりインフラ整備を促進する必要があり，2005年に「官民パートナーシップに係る大統領令（Presidential Regulation No. 67/2005 on the Partnership of the Government with Business Entities in the Provision of Infrastructure）が制定されている。

2005年には，公共事業大臣官房の独立組織として，水道開発支援庁（BPPSPAM：Badan Pendukung Pengembangan Sistem Penyediaan Air Minum, 英語ではNational Water Supply System Development Supporting Agency）が設立されている。BPPSPAMは上下水道事業に関わる政策・戦略検討支援，運営・サービス基準作成，PDAMの経営監視，民間企業の監督などに関する支援を行っている。

6.4.3　インドネシア水道PPPの象徴—ジャカルタ水道民営化プロジェクト

水道供給事業を推進するための投資において民間資本の導入が必要であるとして，1994年政府令No.20において水道をはじめ，電力，公共輸送，電信電話などの公益事業における海外資本による直接投資や，合弁企業における出資比率を95％まで認めた。1995年にはスマトラ島北部アチェ州の州都メダンで，BOT方式による水道用水供給事業が始まるなどPPP導入が始まった。その後，いくつかのPPPプロジェクトが実施されているが（後述の表6.6），今日に至るまでインドネシアの水道事業における最大のPPPプロジェクトは首都ジャカルタ市における水道事業である。以下に概要を述べる。

ジャカルタ市の水道事業は，1968年に公営事業体として設立された「ジャカルタ市水道公社（PAM JAYA）」により運営されてきたが，1990年頃の水道普及率は20%程度と低く，無収水率も50%程度と高かった。市街地の人口増加に伴う水需要の急増に対して，配水管整備の遅れや老朽化による施設能力の低下が問題視されていた。こうした問題に対処するため，1998年2月に，配水管網の整

6.4 インドネシア共和国―経済成長著しい東南アジア最大市場

備,水道普及率の向上,水道衛生の改善などを目的として,市内のほぼ中央を流れるチウリン川を境に,東地区はテムズ・ウォーターを主要株主とする「TPJ (PT Thames Pam Jaya)」に,西地区はスエズ・リヨネーズ・デゾーを主要株主とする「PALYJA (PT PAM Lyonnaise Jaya)」に25年間のコンセッション契約が締結された。コンセッション契約後,PAM JAYA の元職員3,000人のうち2,800人は TPJ と PALYJA に移籍され,PAM JAYA 自体は両コンセッショネアの監督機関として再出発した。

都市を2区分して事業者を競わせる点では,同時期に始まったフィリピン・マニラ市のコンセッション契約（東地区はマニラ・ウォーター,西地区はマニラッド・ウォーター）と共通しているが,異なるのは公募入札によるものではなく,当時のスハルト大統領を中心とする密室会談で事業者が決められた点である。不透明な事業者選定プロセスは物議をよんだ。スハルト大統領の長男シギット・ハルヨユダントが所有する企業と,スハルト・クローニー（取巻き）のアンソニー・サリムが保有する企業が TPJ と PALYJA の設立に関連していたともいわれている。

コンセッション契約開始と同時期に,アジア通貨危機によりインドネシア経済全体が危機に陥ると,約30年間つづいてきたスハルト政権下での潜在的不満が各地で噴出するようになった。1998年3月にスハルト大統領が7選されると国民の不満は一気に爆発し,首都ジャカルタでは反政府デモが発生した。デモはその後地方都市にまで波及し,政府内部にもスハルトへの辞任要求の声が高まった。1998年5月にスハルト大統領は辞任を宣言し,ハビビ副大統領に職を譲った。

新政権は一時,スハルト前大統領政権下で締結された不透明なコンセッション契約を無効とすることを宣言した。しかし,これを不服とする両コンセッショネアが訴訟を起こし,結局,両者は契約内容を見直すことで1999年1月には和解し,両コンセッショネアによる水道事業運営は継続された。

2001年にはコンセッション契約の監督および消費者の保護を目的に,新たに「ジャカルタ水道供給規制機関（Jakarta Water Supply Regulatory Body：JWSRB)」が PAM JAYA と両コンセッショネアから独立した評価機関として設立されている。JWSRB は消費者を保護する役割を担っており,水道料金を評価し,ジャカルタ市当局に対して最適な料金を提案する役割を担っている。

また2006年には，政府令（MOHA Regulation 23. 2006）により水道料金設定に関するガイドラインが規定され，5年ごとの水道料金見直しに関する技術的手法や手続き方法が定められている．

その後，東地区の契約はテムズ・ウォーターのインドネシアからの事業撤退に伴い，2007年からはシンガポール系投資ファンドAcuatico Pte Ltd. が主要株主となるAETRA（PT Aetra Air Jakarta）に引き継がれている．

現在，ジャカルタの水道はジャティルフール・ダムを水源としているが，途中水路に汚水が流入し水質が悪化しており，新たな水源確保のために浄水場建設が必要となっていることや，市内における無収水率が依然5割近くと高く，今後さらなる無収水を削減することなどが課題となっている．

6.4.4 インドネシア水事業の主たる事業者

現在，県および政令指定都市の都市部における上下水道事業を担うPDAMは全国で335存在するが，前述の2005年に設立された水道開発支援庁（BPPSPAM）が，「財務」，「マネジメント」，「技術」に関する指標を用いて，全国335のPDAMの経営状況を評価し，公表している．PERPAMSI，PAM JAYA，公共事業省などが構成メンバーとなる任意団体「The Water Dialogue」によれば，PDAMの経営状況は表6.5のとおりである．

これまでPDAMにおいては，人材不足や漏水，無収水率も高いことから，コスト回収ができず必要な設備投資ができないことも問題視されてきた．そうしたことから，2006年に財務省令が制定され，PDAMの経営改善のための債務削減に向けた取組みが行われている．基本的には，PDAMが抱える債務に関しては，

表 6.5 PDAM の財政状況

健全性	2004	2005	2006	2007	2008 （目標）	2009 （目標）
健全性	38	44	50	80	104	140
不健全	83	110	113	116	134	145
きわめて不健全	224	182	272	139	97	50

The Water Dialogue, "Indonesia Contextual Analysis in Water Supply and Sanitation Sector"（オリジナルは公共事業省 2008）．

6.4 インドネシア共和国—経済成長著しい東南アジア最大市場　151

表 6.6　インドネシア水道事業における PPP 事例

都市名	事業形体	事業者
Jakarta	コンセッション	スエズ・エンバイロメント，テムズ・ウォーター
Medan	BOT（バルク・ウォーター）	デグレモン
Batam	コンセッション	Cascal BV，BCS
Tangerang	O&M 契約	Tirta Cisadane
Tangerang	ROT（バルク・ウォーター）	PT. TKCM
Ambon	ジョイント・ベンチャー	WMD
Jambi	BOT（バルク・ウォーター）	Novco
Semarang	ROT（バルク・ウォーター）	デグレモン
Serang	BOT（バルク・ウォーター）	Gadang Berhad
Pekanbaru	ジョイント・オペレーション	PT. KTDP
Sidoarjo	BOT（バルク・ウォーター）	ヴェオリア・ウォーター
Banjarmasin	BTO	PT. Adhi Karya
Manado	ジョイント・ベンチャー	WMD

The Water Dialogue "Indonesia Contextual Analysis in Water Supply and Sanitation Sector"（オリジナルは BPPSPAM 2008）。

　原本返済を原則として返済時期を猶予し，経営状況が不健全およびきわめて不健全な PDAM に対しては，利子および違約金分を全額または一部控除するなどの措置を行っている。各 PDAM はこうした債務弁済措置を受けるために，財務省に対して監査報告書，前年度の決算書，5ヵ年の事業計画を提出するとともに，水道料金が運転コストを回収できる水準にあることを示すことなどが必要とされている。

　人材不足や資金不足を補うために導入された PPP プロジェクトには，前節に紹介したジャカルタ水道コンセッション以外にも，表 6.6 に示す事例がある。

6.4.5　インドネシア水ビジネスにおける今後の重要課題

　インドネシア政府は国連ミレニアム開発目標（MDGs）として，2015 年までにパイプ給水の普及率を 57.4％まで引き上げることを目標にしている。そのために，PDAM の事業サービスの質の向上のための財政再建の促進，地方自治体

の水道事業改善のための法令の整備，官民パートナーシップの促進による事業サービスの改善と給水規模の拡大，事業サービス組織（BLU）の設置による地方小規模都市への上水事業の普及などが課題である。また，PPP 促進に向けては，発注者としての財政基盤を確立することや，民間企業選定，契約交渉，管理監督するノウハウの構築が必要である。世界銀行，アジア開発銀行，オーストラリア国際開発庁（Aus Aid），日本の国際協力機構（JICA）など，さまざまな国際援助機関が支援を行っている。

6.5　フィリピン共和国— PPP によりインフラ整備が急速に進む

6.5.1　国の基礎情報

　フィリピン共和国（通称，フィリピン）は太平洋に浮かぶ 7,100 余りの島々から構成されている。西は南シナ海，東は太平洋，南はスルー海とセレベス海，北はバシー海峡にそれぞれ面している。国土の約 9 割はルソン島，ミンダナオ島，サマール島など，11 の大きな島で占められているが，その他の島々を含めた国土の総面積は，わが国の約 8 割にあたる 30 万 km^2 である。海岸線は 34,600 km と世界でもっとも長く，また，今世紀最大のマグマを吹き上げたピナツボ火山をはじめ 106 の火山が点在し，火山国家としても知られる。

　フィリピンの総人口は，総務省統計局データによれば 9,030 万人（2008 年）であり，増加率は年間 1.8％と高い。人口減少に転じたわが国と対照的に，人口構成はピラミッド型を示している。宗教はカトリックが 83％ともっとも多く，その他の宗派を含め国民の 9 割以上がキリスト教で，イスラム教が 5％を占める。言語は 80 前後あるといわれているが，国語はフィリピノ語であり，また公用語としてフィリピノ語と英語を用いていることから，アジア最大の英語人口を誇る。

　アロヨ政権下において行財政改革は一定の成果を挙げており，2007 年は過去 31 年間で最高の GDP 成長率（7.3％），きわめて低いインフレ率（2.8％）を記録した。しかし，2008 年は，原油・価格高騰につづく金融危機の発生により，GDP 成長率は 4.8％と大きく鈍化した。世界的な経済危機克服のための景気対策とともに，持続的成長を確保する基盤として経済構造改革，財政赤字解消，不良債権処理，治安回復によるフィリピン経済への信頼回復が課題である。

6.5.2 フィリピンの水・環境政策

a. 水環境行政

国土30万 km^{2}の約7割が湖, 泉, 河川などの流域といわれ, 約60の湖沼, 420の河川がある。平均年間降水量は約 2,300 mm と多く, また5万 km^{2}に及ぶ地下水脈があるとされており水資源に恵まれているようにみえる。しかし, 人口が多いことから, 1人あたり水資源量は約 5,800m^3/人・年であり, 世界平均の約 8,600m^3/人・年を下回る。近年, 人口増および都市化, 工業セクター成長などにより, 水需要は増加している半面, 水道, 下水（衛生）のインフラ整備が遅れていることから, 水資源利用効率の低さや水質汚濁の悪化が問題視されている。

国連 UNESCAP 報告書によれば, 2003年の水需要は 774.5億 m^3/年であり, その内訳は農業用水 88%, 工業用水 4% で, 生活用水 8% であった。ちなみに, わが国の国土交通省資料によれば, 2003年のわが国の水需要は 839億 m^3/年であり, その内訳は農業用水 66%, 工業用水 14%, 生活用水 19% であった（近年, このわが国の数字はほとんど変わっていない）。わが国と比べると, フィリピンでは農業用水需要が圧倒的に多い。

フィリピンでは, 水資源の開発・利用および上下水道行政に関して, 数十の省庁関係組織が関与しているともいわれている。主要官庁を以下に示す。

- 国家経済開発局（National Economic Development Authority：NEDA）
  社会および経済開発計画の監督官庁であり, 国家中期開発計画（Medium-Term Philippne Development Plan：MTPDP）の作成, 進行管理を担っている。
- 国家水資源局（National Water Resource Board：NWRB）
  水資源開発を管轄すると同時に, 地方自治体水道事業体（Local Government Unit）に対する経済的規制を行っている。
- 環境・天然資源省（Department of Environmental and Natural Resources：DENR）
  国の環境および天然資源に関わる保全管理に関する責任を負っている。水浄化法（Clean Water Act）の実施所管官庁である。

・健康省（Department of Health）
国の飲料水質，下水（衛生）水質基準を設定する所管官庁である。
・公共事業・道路省（Department of Public Works and Highways）
環境・天然資源省および地方自治体水道事業体などとともに，水浄化法に基づく，衛生（下水，浄化槽など）施設の普及促進のための計画，実施に対する責任を負っている。
・財務省（Department of Finance）
国家開発計画に関する財政実施，管理，監督責任を負うとともに，水道および衛生施設普及に向けた PPP 推進に関する財政面での監督責任を負う。

1991 年に「地方自治法（Local Government Code）」が制定され，地方分権が進められている。上下水道事業に関しても，基本的には地方自治体を主体とする事業運営が行われている。地方自治体の単位（local government units）は州（province），市（city）および町（municipality），バランガイ（barangay）の3層から構成されており，それらのその地方行政単位が 12 のリージョン（region, 行政区），マニラ首都圏（Metro Manila）および三つの自治区（autonomous regions），全 16 行政区に分けられている。バランガイはフィリピン国有の地方自治体単位であるといわれ，ひとまとまりの隣接地域に住む 50～100 世帯からなる。

b．法　律
　水環境，水資源に関する主要な法律は，1976 年に制定された「水資源法（1976 National Water Code）」および 2004 年に制定された「水浄化法（2004 Clean Water Act）」などである。「水資源法」は水資源の所有，開発，利用，管理，保全などに関する基本的なフレームワークを定めた法律で，水資源は国に属し，国の許可のもとで開発，利用が可能であるとする基本原則や，水資源の監督規制は国家水資源委員会（National Water Resources Council：現在は国家水資源局）が担うことなどを定めている。また，「水浄化法（2004 Clean Water Act）」は生活排水や工場，鉱業，農業排水に起因する汚濁から水環境を保全するための包括的な水質管理プログラムを行うための法律である。その他にも，水道および衛生インフラ整備を促進するために，事業運営能力の低い水道公社に対しては，地方

水道監督局（LWUA）による技術的および財務的支援を供与する一方，経営状況がよく信用力の高い水道公社に対しては，政府および民間金融機関からの借り入れにより上下水道施設整備を促進することなどを規定する大統領令（Exectutive Order）29号などがある．

水道事業に関しては，前述の中央政府の監督下において，いくつかの異なる仕組みで事業が実施されているが，大まかに表6.7のように整理できる．とりわけ，マニラ首都圏の上下水道は，1995年に水資源危機法（Water Crisis Act）の制定を経て，1997年からは25年間のコンセッション契約により民営化されたことは，三菱商事が東地区サービスを担うマニラ・ウォーター（Manila Water Company Inc.）に出資していることなどからもわが国でも広く知られている．

上下水道の普及率に関しては，国により集計された正式な統計資料は見当たらないが，WHO/UNICEF Joint Monitoring Programme (JMP) for Water Supply and Sanitation データベースによれば，表6.8のとおりである．

6.5.3　フィリピン水ビジネスの主たる事業者

表6.7に示したとおり，マニラ首都圏において大規模なコンセッションが導入された以外は，主として水道公社（Water District）や地上自治体が上下水道事業サービスを提供している．給水人口ベースでみると，マニラ首都圏を除くと，

表 6.7　フィリピンの上下水道事業運営

地域	事業主体	監督官庁
都市部	水道公社（Water District）：580事業	地方水道監督局（Local Waterworks and Utilities Administration：LWUA）
首都マニラ	民営化（コンセッショネア2社） (1) 東地区　マニラ・ウォーター（Manila Water Company Inc.） (2) 西地区　マニラッド（Maynilad Water Services Inc.）	首都圏水道庁（Metropolitan Waterworks and Sewerage System：MWSS）監督局
地方，農村部	地方自治体　4,800事業　内訳は (1) Local Government Unit (LGU)：1,000事業 (2) Barangay Water Service Association (BWSA)：3,100事業 (3) Rural Water Supply Association (RWSA)：5,000事業 (4) Cooperatives：200事業	国家水資源局（National Water Resources Bureau：NWRB）

各種資料を元に作成．

表 6.8 フィリピンにおける飲料水，衛生施設の状況

	1990年			2008年		
	全体	都市部	農村部	全体	都市部	農村部
人口（千人）	62,427	30,450	31,978	90,348	58,699	31,649
〃 （％）		49	51		65	35
改善された飲料水普及率（％）	84	93	76	91	87	71
管給水率（％）	24	40	8	48	60	25
改善された衛生設備普及率	33	58	22	52	67	36

WHO/UNICEF Joint Monitoring Programme (JMP) for Water Supply and Sanitation データベース収録データより（2010年10月時点）。

表 6.9 水道事業者別の給水人口（マニラ首都圏を除く，2007年）

自治区/リージョン	給水人口(人)						合計(人)
	水道公社 (Water District)	LGU	RWSA および BWSA	Cooperative	首都圏水道庁 (MWSS)	民間企業/NGO など	
1. ARMM(自治区)	123,455	35,740	0	0	0	0	159,195
2. CAR(自治区)	18,607	2,914	9,900	0	0	6,024	37,445
3. CARAGA(自治区)	166,076	40,368	1,671	0	0	0	208,115
4. Region I	556,479	36,169	24,165	4,794	0	644	622,251
5. Region II	140,180	51,908	2,334	0	0	0	194,422
6. Region III	635,905	1,458	923	0	0	0	638,286
7. Region IV-A	2,286,823	215,957	101,339	2,836	15,818	239,807	2,862,580
8. Region IV-B	78,501	14,330	24,820	0	0	35,649	153,300
9. Region V	756,738	83,166	35,551	0	0	2,770	878,225
10. Region VI	463,161	75,385	4,875	696	0	0	544,117
11. Region VII	433,489	520,664	15,368	64,229	0	1,113	1,034,863
12. Region VIII	432,040	113,327	0	0	0	0	545,367
13. Region IX	135,000	109,590	7,208	510	0	0	252,308
14. Region X	190,435	157,930	40,146	0	0	0	388,511
15. Region XI	285,596	47,932	28,586	27,151	0	0	389,265
16. Region XII	149,002	4842	0	0	0	0	153,844
合　計	6,851,487	1,511,680	296,886	100,216	15,818	286,007	9,062,094
比率（％）	75.6	16.7	3.3	1.1	0.2	3.2	100.0

注）マニラ首都圏のコンセッションの数値を除く。
Philippine Government, "PHILIPPINE WATER SUPPLY SECTOR ROADMAP (SECRETARIAT'S Working Draft)", Main Document, Table 2.3 (2008) を使用し，下段2行（合計と比率）を著者が追加。

民間が担っている割合は3％程度である（表6.9参照）。なお，マニラ首都圏上下水道民営化については，前著第6章に記述したので参照されたい。

6.5 フィリピン共和国—PPP によりインフラ整備が急速に進む　　157

　一般的には，都市部を対象とする水道公社は，地方，農村部を対象とする地方自治体よりも事業運営や財政面においてパフォーマンスがよく，必要な費用の回収率が高い。一方，地方自治体は事業運営や財政基盤が弱く補助金を得ないと運営できない状況にある。しかし，国による補助金にも限界があるため，より持続可能な方法で民間投資促進を行う新たな資金スキーム「フィリピン上下水道整備基金（PWRF：Philippine Water Revolving Fund）」が 2008 年に設立されている。同基金は，日本の国際協力銀行（JBIC）と米国国際開発庁（USAID）がフィリピン開発銀行（DBP）と協力して設立したもので，ODA 借款プロジェクトからの返済金を積み立て，基金からさらに新規プロジェクトに融資を行うことにより，継続的な資金供給を図る仕組みである。

6.5.4　フィリピン水ビジネスにおける今後の重要課題

　フィリピンの中期国家開発計画 2004-2010（MTPDP）では，2010 年までに国全体に飲料水を普及させること（Potable water for the entire country by 2010）を目指しており，とりわけマニラ首都圏における「ウォーター・レス（water-less）」（水道普及率が 50％以下の地区を指す）200 マランガイおよびマニラ首都圏以外の 200 マランガイを対象に，官民パートナーシップにより提供するとしている。また，すべての地域おいて適切な処理方法による衛生施設を整備することを目標としている。そのためには，水道および下水道（衛生）事業者における計画，管理，プロジェクト実施に対する能力開発（キャパシティ・ビルディング）プログラム，および技術支援を継続するとしている。また，優先順位の高い 310 地方自治体（LGU）に対して地下水源のアセスメントを実施することや，貧困地域を特定し，飲料水供給に関するモニタリングを実施することなどを推進している。さらに，水浄化法や固形廃棄物処理法に基づく清浄な水資源を確保するために，優先度の高い 18 河川や 162 海域における規制・監視などを行うとしている。

　次期の中期国家開発計画である「MTPDP 2010-2016」は 2011 年初めに公表される見込みであるが（執筆段階では公表されていない），官民パートナーシップを核に，水道および下水（衛生）施設のさらなる整備促進が盛り込まれる見込みである。

6.6 ベトナム社会主義共和国

6.6.1 国の基礎情報

　東アジア・東南アジアのインドシナ半島東岸に位置するベトナム社会主義共和国（通称ベトナム）は，約 8,600 万人（2008 年）の人口と，32 万 9,241km^2 の国土面積をもつ．

　1,000 年を超える中国支配を経験した中国文化圏最南端の国であるが，1986 年の市場経済システムの導入以来，対外開放化を柱としたドイモイ（刷新）路線を継続し，外資導入に向けた構造改革や国際競争力強化に取り組んだ．その結果，1995 年および 1996 年は 9％台の高い経済成長をつづけた．1997 年に入り成長率の鈍化などの傾向が表面化したことに加え，アジア経済危機の影響を受け外国直接投資が急減し，1999 年の成長率は 4.8％に低下した．その後成長率は改善し，2007 年には 8.5％と経済は回復している．とくに 2000 年から施行された会社法（2005 年 11 月には改正法が成立）により，民間企業の設立手続が簡素化された結果，企業設立が加速したことも景気回復に寄与した．労働者の賃金は中国の半分から 3 分の 1 ともいわれ，AFTA（ASEAN 自由貿易地域）の推進に伴って ASEAN 域内への輸出拡大が見込めることや，中国一極集中リスクを回避する目的などから，日本企業の進出も多い．

　近年ベトナムは一層の市場経済化と国際経済への統合を推し進めており，2007 年 1 月，WTO に正式加盟を果たしたが，慢性的な貿易赤字，未成熟な投資環境など懸念材料も残っている．また，ドイモイの進展の裏で，貧富の差の拡大，汚職の蔓延，官僚主義の弊害などのマイナス面も顕在化しているといわれている．

　国土は南北に 1,670km（北緯 8～23 度）と細長く，起伏にとんだ地形のため，気候は地域によって多様である．大まかには，北部は温帯性気候であり，11 月から 4 月には中国沿岸部からトンキン湾を通りやや湿った空気を含んだ北東季節風が吹き雨も降るが，夏に比べれば降水量が少なく冬は乾期となる．一方，南部は熱帯性気候に分類される．北部に対して降水量が少なく，年間を通して気温変化が少ないことが南ベトナムの特徴である．

ベトナムは熱帯に位置する水資源の豊富な国とみられているが，"The Atlas of Water"（邦訳：沖大幹 監訳，『水の世界地図』，丸善）によれば，ベトナムの1人あたり水資源賦存量は約 4,690m^3（世界平均は 7,400m^3）で，実際は水不足の危機に直面している。ベトナムには 2,360 以上の河川があり，そのうち流域面積が 10,000km^2 以上に上る河川がメコン川に代表される国際河川を含め8河川ある。およそ3分の2の水資源は隣接する中国，カンボジア，ラオスやタイに水源を有しており，上流の国々の水政策に大きく依存している。

わが国の環境省がベトナムを含む東アジア 11 ヵ国とパートナーシップにより運営する Water Environment Partnership in Asia（WEPA）によれば，2003 年のベトナムの水道普及率は 60％であり，2005 年に 80％，2010 年には 95％を目指しているという。別のデータとして，マレーシア，インドネシア，フィリピンでみたのと同様に，WHO と UNICEF による共同モニタリング・プログラムデータベース「WHO/UNICEF Joint Monitoring Programme (JMP) for Water Supply and Sanitation」からのデータを表 6.10 に示す。2008 年時点でも農村部に住む人口が7割以上と多いが，農村部の管給水率は9％ときわめて低い。

一方，下水道の整備を別のデータである，世界銀行のエネルギー・水部局（Energy and Water Department）が運用する The International Benchmarking Network for Water and Sanitation Utilities（IBNET）のデータベースでみると，2007 年時点でベトナム全体としての下水道カバー率（sewerage coverage）は33％となっている。しかし，この下水カバー率とは下水道事業者のサービス供給

表 6.10 ベトナムにおける飲料水，衛生施設の状況

	1990 年			2008 年		
	全体	都市部	農村部	全体	都市部	農村部
人口（千人）	66,247	13,418	52,829	90,348	58,699	31,649
〃 （％）		22	80		28	72
改善された飲料水普及率（％）	58	88	51	94	99	92
管給水率（％）	9	45	0	22	56	9
改善された衛生設備普及率（％）	35	61	29	75	94	67

WHO/UNICEF Joint Monitoring Programme (JMP) for Water Supply and Sanitation データベース収録データより（2010 年 10 月時点）。

区域内(計画を含む)における人口カバー率を示すため，一般的によく用いられる下水普及率(全体人口のうち下水道を使える人口比率)よりもかなり高めの数字として表れている。そうしたことを勘案すると下水道の普及率はきわめて低く，ベトナムでは汚水が直接河川に放流されており，水環境汚染が深刻であることが窺い知れる。

6.6.2 ベトナムの水・環境政策

a. 水・環境行政

中央政府　経済成長に伴う工業化，都市化によりハノイ，ホーチミンなどの主要都市とその周辺地域において，未処理の産業排水，生活排水などの流入による河川，湖，運河などの汚染が深刻な問題となった。政府は1993年に「環境保護法(National Law on Environmental Protection)」を制定し，水，大気，廃棄物などに係る環境基準を整備したほか，1998年に「水資源法(Law on Water Resources)」を制定した。また，環境に係る国家的管理を強化することを目的に，2002年に「天然資源環境省(Ministry of Natural Resource and Environment：MONRE)」を設立した。2003年には2010年までに取り組むべき環境課題と2020年に向けた方向性を明記した「環境保全戦略」を策定した。2006年には環境保護法の改定を行い，国家支出の最低1%を環境保護予算に割り当てることを決めるなど，環境管理のための基盤を整える対策を講じている。

　ベトナムの水環境行政に係る官庁には，前述の天然資源環境省，建設省(Ministry of Construction)，農業農村開発省(Ministry of Agriculture and Rural Development)，投資・計画省(Ministry of Planning and Investment)などがある。飲料水水質の監督を行っているのは保健省(Ministry of Health)であるが，各地の水質検査や水環境の管理を行っているのは，MONRE傘下の組織で各省に設置された天然資源環境局(Department of Natural Resource and Environment：DONRE)である。各地のDONREには技術や管理に関する能力の差があり，また全体としての能力も不足している。都市における水道および下水道施設の整備を所管しているのは建設省であり，水道技術者の育成もおもに建設省が担当している。一方，農村部における洪水対策や給水および衛生施設の整備を所管しているのは農業農村開発省(Ministry of Agriculture and Rural Development)である。

また、産業廃水の排水時の水質基準づくりを行っているのは工業省（Ministry of Industry）である。国際援助の受け入れ窓口となっているのは投資・計画省である。

地方行政　行政単位は，省または省と同等の中央直轄市，省下の市，都市区，町，村，区，コミューン（人民委員会）に分けられている。市と都市区は同等に扱われており，省下には市または都市区のどちらかが設置されている。財団法人自治体国際化協会のCLAIR REPORT第233号「ベトナムの行政改革」（2002年9月27日発刊）によれば，全国に61（57省，4中央直轄特別市）の省レベル地方自治体があるという。省の地方自治体の一般的な人口規模は80万～100万人程度である。もっとも小さいコントゥム省は，わずか30万人ほどである。中央轄特別市のうち最大のホーチミン市の人口は500万人に上る。

各地の水質検査や水環境の管理を行っているのは，MONRE傘下の組織で各省に設置された天然資源環境局（Department of Natural Resource and Environment：DONRE）である。また，各地の水道事業は水道公社（Water Supply Company）や下水道公社（Sewerage & Drainage Company）に担われている。

b. 法律

ベトナムにおける水資源環境に関連する主要な法律は，環境保護法（Law on Environmental Protection）と水資源法（Law on Water Resource）である。

環境保護法は，1993年に制定されたのち2005年に改正され，新たに第7章「海，河川，その他水環境の保護」や第8章「廃棄物管理」セクション4「排水の管理」を設けて，水環境に関する規制が強化された。また，水資源法は1998年に制定された全国規模で総合的な水資源の保全管理を行うための法律であり，水資源の開発・管理を流域単位で総合的に行うこと（第5条）や，水資源の利用に許認可を必要とすること（第18条），農業農村開発省の下に流域水資源の管理組織を設けること（第63条）などが定められている。

水質に関する基準には，環境保護法（LEP）および環境保護法実施のための条例（Government Decree No. 175/CP）に基づき定められたベトナム基準（TCVN）がある。ベトナム基準には表流水水質環境基準（TCVN 5942-1995），

沿岸海水水質環境基準（TCVN 5943-1995），地下水水質環境基準（TCVN 5944-1995）が含まれる。表流水質環境基準では利水目的によってA型（飲料水用），B型（一般用）の2種類の環境基準を定めている。また，工場からの排出基準については産業排水基準（TCVN 5945-1995）で規定され，排水水域の利水目的によってA（飲料用水域），B（一般用水域），C（A，B以外の汚染された公共水域）型に分類される。業種別の基準はないので，全業種に全国一律に同じ基準が課される。一方で，地域特性に応じて科学技術環境局（Department of Science Technology and Environment）がベトナム基準に追加することが認められている。家庭からの排出基準も2000年に定められている。

6.6.3　ベトナム水事業の主たる事業者

ベトナム国内での上下水道業界の組織として，「ベトナム上下水道協会（Vietnam Water Supply and Sewerage Association：VWSA）」がある。同協会は上水道部門，下水道部門，商工サービス部門があり，水道会社や個人が会員となっている。活動内容は情報交換，学術研究の支援，上下水道雑誌の出版，国内外の他の組織と連携を図ることなどである。また，同協会は東南アジア上下水道ネットワーク（South East Asian Water Utilities Network：SEAWUN）のメンバーになっている。SEAWUNは2002年に設立され，東南アジア7カ国（カンボジア，ラオス，タイ，マレーシア，インドネシア，ベトナム，フィリピン）のメンバーによって組織されている。SEAWUNは水道業務の効率化を目指して，業務指標（PI）を導入し，結果の公表，事業体間の比較を行っている。

6.6.4　ベトナム水ビジネスにおける今後の重要課題

ベトナムは2003年に，環境保護に関する2010年までの戦略と2020年に向けた国としての方向性を指し示す「国家環境保護戦略（DECISION OF THE PRIME MINISTER Approving the national strategy on environmental protection till 2010 and orientations towards 2020）」を作成，公表している。そのなかで，2010年に向けた全般的目標として，公害の増大を制限し，環境の劣化を回復させ，産業地域および人口密集地域における環境劣化に対処し，河川，運河，池，湖の汚染を回復させること。2010年に向けた特定の目標として，都市および産業地域

における排水路の回復および機能強化を完了させること。都市部の少なくとも40%において基準に沿った分流式の排水処理施設および下水処理施設を設置することを掲げている。また，2020年に向けた優先目標として，都市人口の100%および農村人口の95%が清潔な上水にアクセスできることを掲げている。

また，2006年に投資・計画省によって策定された「社会経済開発計画2006-2010年」では，環境改善の数値目標として2010年までに都市部・工業地域・輸出加工区の100%が集中型下水排水システムに接続されることを掲げている。

参考文献

本書の執筆にあたって参考にさせていただいた文献を章ごとに掲げる。

第1章
- 経済産業省,「通商白書2008」
- 産業競争力懇談会（COCN）,「水処理と水資源の有効活用技術—急拡大する世界水ビジネス市場へのアプローチ」(2008).
- 東京都水道局, 事業概要平成21年版, 統計資料（2008).

第2章
イギリス
- OFWAT, "Future water and sewerage charges 2010-15: Final determinations" (2009).
- OFWAT, "Setting price limits for 2010-15 : Framework and approach" (2009).
- Peter Baily, University of Bath "The Business and Financial Structure of the Water Industry in England and Wales" (2003).

フランス
- Ministry of Ecology, Energy, Sustainable Development and Sea, "Public Water Supply and sanitation utilities in France" (September 2009).
- Veolia Environment, "Reference Document 2009"
- VeoliaWater, "Business Overview 2008"
- ヴェオリア・ウォーターホームページ　http://www.veoliawater.com/
- スエズ・エンバイロメントホームページ　http://www.suez-environnement.com/
- ソーホームページ　http://www.saur.com/en/index.html
- Saur, "2008 Annual Management and sustainable development report"
- 21世紀政策研究所・研究プロジェクト「企業価値向上のための外資活用策」中間報告要旨（2008年11月）.
- 日本銀行国際局国際収支課,「外為法Q&A」(2010).

スペイン
- 新社会システム総合研究所主催セミナー資料, スペイン大使館, 内田瑞子「スペイン水ビジネスの現状とグローバルプレーヤー」(2010).
- （財）自治体国際化協会, 比較地方自治研究会, 若松 隆,「スペインの地方自治体制の現況について」(2006).
- OECD, "Infrastructure to 2030 VOLUME 2 MAPPING POLICY FOR ELECTRICITY, WATER AND TRANSPORT" (June 2007).
- アグアス・グループホームページ　http://www.agbar.es/eng/home.asp
- FCCホームページ　http://www.fcc.es/fcc/corp/inicio_i.aspx

第 3 章
シンガポール
- 公共事業庁（PUB）ホームページ　http://www.pub.gov.sg/Pages/default.aspx
- PUB, FINANCIAL REPORT 2008&2009
- Hyflux Ltd., Annual Report 2009, "A SOLID FOUNDATION. A WORLD OF OPPORTUNITIES"
- Sembcorp Industries, Annual Report 2009, "Essential Solutions for Growing Needs"
- Keppel Corporation, Report to Shareholders 2009, "Fortifying Fundamentals Sustaining Growth"
- 東京都水道局ホームページ，料金ガイド　http://www.waterworks.metro.tokyo.jp/customer/life/ryokin.html
- 横浜市,「平成 21 年度横浜市水道事業概要　第 4 章水道財政のあらまし」
- 横浜市,「平成 20 年度下水道事業経営指標・下水道使用料の概要」

韓　国
- K Water , annual report 2009
- 斗山重工業ホームページ　http://www.doosan.com/en/main.do
- スタンダード・チャータード・プライベート・イクイティのプレスリリース記事　http://wholesalebanking.standardchartered.com/en/mediacentre/pressreleases/Pages/30062009.aspx

第 4 章
- 国土交通省,「性能発注の考え方に基づく民間委託のためのガイドライン」(2001).
- 厚生労働省, 第三者委託実施の手引き」(2007).
- 総務省,「地方公共団体の財政の健全化に関する法律の概要」(2010).
- 総務省,「地方自治体水道事業の海外展開検討チーム中間とりまとめ」(2010).
- 総務省,「平成 20 年度地方公営企業年鑑」(2008).
- レコフ, ニュースレター「2009 年の M&A 市場」(2010).

第 5 章
- 外務省ホームページ　http://www.mofa.go.jp/mofaj/gaiko/oda/index.html
- 政府開発援助（ODA）白書 2008 年版
- 政府開発援助（ODA）白書 2009 年版
- 厚生労働省ホームページ「水道分野の国際貢献」　http://www.mhlw.go.jp/topics/bukyoku/kenkou/suido/jouhou/other/o4.html

第 6 章
マレーシア
- David Bonnardeauxetal etal, "Water Provision in Malaysia Privatise or nationalise?" (2009).
- Raja Dato' Zaharaton binti Raja Zainal Abidin, "Water Services Agenda In The Ninth Plan" (2005).
- NJS 経営工学研究所"マレーシアの上下水道事業改革―下水道事業の国営化と広域

- IWK ホームページ　http://www.iwk.com.my/
- Ranhil ホームページ　http://www.ranhill.com.my/
- YTL Corporation Berhad Annual Report 2009

タ　イ
- World Bank, "Thailand Infrastructure Annual Report 2008 (Chapter V: Water, Sanitation and Low-Income Housing Sector)" (2008).
- Vilas Nitivattananon (Asian Institute of Technology), "Thailand Water Management-Issues and Challenges," (2005).
- Metropolitan Water Autority ホームページ　http://www.mwa.co.th/
- Eastern Water Development and Management Public Company Limited 社ホームページ　http://www.eastwater.com/home.asp?sLang = EN
- PWA, "Private Sector Participation in PWA's Business" (2010).
- 松本知明，日本貿易会月報 2008 年 2 月号　No.656，"タイにおける上水事業"

インドネシア
- Ministry of Energy, water and communications Malaysia, "Explanatory note on the enforcement of the water services industry act 2006 (ACT655)" (2007).
- Mohamad Mova Al'Afghani, "CONSTITUTIONAL COURT'S REVIEW AND THE FUTURE OF WATER LAW IN INDONESIA" (2006).
- The Water Dialogue "Indonesia Contextual Analysis in Water Supply and Sanitation Sector"

フィリピン
- Philippine Government, "GUIDELINES FOR THE FORMULATION OF THE MEDIUM-TERM PHILIPPINE DEVELOPMENT PLAN AND MEDIUM-TERM PUBLIC INVESTMENT PROGRAM, 2010–2016" (2010).
- Philippine Government, "PHILIPPINE WATER SUPPLY SECTOR ROADMAP (SECRETARIAT'S Working Draft)" (2008).
- The World Bank Group in the Philippines, "Philippines Meeting Infrastructure Challenges" (2005).
- USAID, "THE PHILIPPINE WATER REVOLVING FUND ASSESSMENT OF FEASIBILITY (FINAL REPORT)" (2002).

ベトナム
- SOCIALIST REPUBLIC OF VIETNAM, "DECISION OF THE PRIME MINISTER : Approving the national strategy on environmental protection till 2010 and orientations towards 2020" (2003).
- (財)地球・人間環境フォーラム，「ベトナムにおける企業の環境対策と社会的責任」（環境省請負事業　平成 18 年度　我が国 ODA 及び民間海外事業における環境社会配慮強化調査事業）(2007).
- 厚生労働省 健康局 水道課，「平成 20 年度水道国際貢献推進調査業務報告書（第 5 章）」(2009).
- (財)自治体国際化協会，CLAIR REPORT 第 233 号「ベトナムの行政改革」(2002).

参 考 書

　水ビジネスの基礎的な知識，ビジネスの動向などを知り，水ビジネスを俯瞰するのに参考になると思われる 2010 年までに出版された書籍を発行年順に掲げる。

- 小林康彦，『21 世紀の新水道入門』，水道産業新聞社（2001）．
- 斉藤博康，『水道事業の民営化・公民連携―その歴史と 21 世紀の潮流』，日本水道新聞社（2003）．
- モード・バーロウ，トニーク・ラーク，鈴木主税 訳，『水戦争の世紀』，集英社新書（2003）．
- 氏岡庸士，『水道ビジネスの新世紀―世界の水道事業民営化のながれ』，水道産業新聞社（2004）．
- ロビン・クラーク，沖　大幹 監訳，沖　明 訳，『水の世界地図』，丸善（2005）．
- 森田　実，『水の時代を生きる―上下水道のための公共事業必要論』，水道産業新聞社（2006）．
- 宮脇　淳，眞柄泰基，『水道サービスが止まらないために―水道事業の再構築と官民連携』，時事通信社（2007）．
- モード・バーロウ，佐久間智子 訳，『ウォーター・ビジネス』，作品社（2008）．
- 吉村和就，『水ビジネス― 110 兆円市場の攻防』，角川書店（2009）．
- 沖　大幹・吉村和就，『日本人が知らない巨大市場　水ビジネスに挑む』，技術評論社（2009）．
- 中村吉明，『日本の水ビジネス』，東洋経済新報社（2010）．
- 服部聡之，『水ビジネスの現状と展望―水メジャーの戦略・日本としての課題』，丸善（2010）．
- 玉真俊彦，『水ビジネスの教科書―水サービスを発展させる官民協働と業務改善の進め方』，技術評論社（2010）．

エピローグ―2040年のわが国の
水ビジネス・ビジョン

　本書の最後に，今から30年後の水ビジネスについて展望してみたい。

　30年後の2040年にはGDPでは中国が米国を抜き，世界1位になることが予測されている。一説には，生活レベルを示す国民1人あたりのGDPでも，中国はわが国を上回るとの予測がある（ノーベル経済学賞受賞者のRobert Fogelシカゴ大学教授）。2010年時点ですでに世界一にあるわが国の高齢化率は，2040年には35％を超え，国民の3人に1人は65歳以上の高齢者になることがわが国政府の予想によって指摘されている。

　米，仏，英，独などの欧米先進国に加え，中国，インドなどの新たな経済大国がひしめく国際社会において，天然資源に乏しく，自衛に必要とする以外の軍事力をもたず，民族，宗教，言語などの面で少数派にすぎない「日本」。そして，人一倍に真面目で勤勉だが，口下手で自己主張を潔しとしない「日本人」が，いかなる存在感を示せるか。

　鍵を握るのは，わが国の強みである「経済力」である。

　その根幹は高度かつ精緻な「技術」や，きめ細やかな「サービス」であり，異文化に対する柔軟な「吸収力」や「調和力」であろう。そうした，わが国固有の強みを武器に，グローバル市場に立ち向かえば「世界に誇れる国家」となりうる。しかし，さもなければ，政治，経済をはじめさまざまな面においてマイノリティ国家の一つに凋落せざるを得ない。

　以下は，本書第4章で提唱した「規制緩和と規制強化の併用によるPPPの推進」，「民間企業の海外進出に対する積極的支援」，「第三者評価の導入」，「漏水率信仰からの脱却」，「規制主体と事業主体の完全分離」，「産業界の再編強化」，お

よび「広域化と上下水道一体経営を含む民営化の検討」などがすべて実現するという想定であり、まったくのフィクションであるが、著者が思い描く「水ビジネスのビジョン」でもある。

　2040年、グローバリズムは地球の隅々にまで及び、多くの地域や国家間においてさまざまな分野の製品、サービスが国境を超え、自由に取引されている。途上国においても、コンピューターやスマートフォンは一般家電の一部として多くの家庭に普及している。インターネット携帯端末によるマルチ・チャンネルの動画通信も可能となり、世界はさらに身近なものとなっている。グローバリズムのもとでの国際的かつ日常的なコミュニケーション言語の主流はやはり「英語」である。2010年に問題視された「デジタル・デバイド」は、情報端末の低コスト・コモディティ化と、さらなるインターフェースの向上により解消されているが、それにかわり英語によるコミュニケーション能力による格差、すなわち「イングリッシュ・デバイド」が顕在化している。

　わが国は10年前（2030年）に導入された道州制により、北海道、東北、北陸、関東、中部、関西、中国、四国、九州、沖縄、および東京首都圏、大阪首都圏が単位となって、地方行政が行われている。各地域はそれぞれのもつカラーを前面に押し出し、地域色豊かな政治、経済、文化活動が展開されている。その結果、東京への一極集中は緩和され、人口も各地域に分散され、地域の経済は潤っている。

　市町村単位で事業経営が行われていた上下水道事業に関しては、道州制の導入と並行して、経営効率化を目的とした「一部民営化」が行われた。途中、イギリス同様の「完全民営化」の検討も行われたが、民営化慎重論も多く、最終的には財政悪化が著しい水道事業体に対しては強制的に民営化を義務づけ、そうでない財政状況が比較的健全な水道事業体には、公営・民営の選択肢を残すこととした。いわば規制強化と規制緩和を併用した形だ。

　さらに「一部民営化」の手法としては、施設の「所有権」は公共側に残したまま、新たに自治体組織の一部を独立させる形で「オペレーション会社」を設立し、その株式を開放することにより民間参入を促し、そのうえで当該民間オペレーシ

ョン会社に対して，30年間の事業運営を委託する，いわば「コンセッション型民営化」とした。外資による上下水道施設の買収という国家安全保障上の脅威にも一定の配慮をしたことになる。オペレーション会社株式の売却益により，累積した企業債残高の償還に充てる狙いもあった。その結果，全12事業体のうち，半数の6事業体が民間オペレーション会社として生まれ変わった。財政が健全な事業体のなかにも，あえてコンセッション型民営化を選択する事業体も一部あった。

いずれにおいても，懸案であった上水道と下水道の縦割り行政による弊害は，広域公営化および民営化の際に上下水道一体化により解消された。一体運営による一般管理費などの削減による合理化効果は約2兆円（上下水道事業予算の約2割）と割り出された。かつて「下水道や簡易水道は官庁会計，水道は公営企業会計」としていた会計制度も，企業会計に一本化された。新設された6民間オペレーション会社を監督する官庁として，厚生労働省，国土交通省，環境省，および消費者庁の一部組織が核となり，新たに「公共事業庁」が設立されている。「公共事業庁」の役割は，各事業体（公営・民営とも）の上下水道料金に対する規制や水質，水圧，サービス内容の監視・監督である。上下水道事業以外にも，道路，鉄道，航空，郵便，電力，ガス事業などを監視・監督している。こうした「規制監督主体」と「事業主体」の分離により，民間企業に比べて公営企業における水道料金は1.5倍程度高いものの，かつて市町村単位で経営が行われていた時代に問題視された10倍近い水道料金の地域間格差（内々格差）はなくなり，ほぼ全国的に一律の水道料金が維持されるようになった。「ユニバーサルサービス」が実現した形だ。

上下水道民営化直前の状況は，行政職員の高齢化による給料の高止まりと，定年退職者増加による高度経営知識をもつ事業運営者と熟練技術者の不足が深刻化していたが，広域的に複数事業体が一つにまとまることで社員層が厚くなり，問題はおおむね解消されている。

それまでに多数存在していた，大手エンジニアリング会社および維持管理会社は，M&Aにより全国で約10社程度に集約されている。なかには，民営化された6オペレーション会社との吸収合併する企業も現れた。さらにそのなかには，

上下水道だけではなく電力，公共輸送，廃棄物処理などを総合的に手掛ける企業と吸収合併し，巨大な「総合公共事業サービス会社」に変身を遂げた企業もある。また，民間企業10社のなかには，公営として残った6公営企業から，施設建設や施設運営のアウトソーシングを受託している企業もある。

かつての「第三者委託」や「包括委託契約」にみられた契約年数や契約範囲の制約はなくなり，かなり自由度が増した契約形態が個別に結ばれている。一部の上下水道施設の建設および運転維持管理をPFI方式で行う例も以前に比べて増えている。2020年以降，とくに需要が大きいのが，水道管・下水道管の老朽化部位の診断・探査や，管路の更生・敷設替えである。耐久性・耐震性が大幅に向上した100年使用可能な管路へのリプレース需要が大きく，そうした高度な製品やサービスを提供する企業の業績は順調に推移している。

民営化の道を選択した民営会社のなかには，中国やインド，さらにはすでに国民1人あたりのGDPでも2010年当時のわが国と同等となり，生活レベルが格段に向上したベトナム，インドネシア，タイ，マレーシアなどにおいてコンセッション契約を受注するなどして，海外売上が全体売上の3割を超える企業も現れている。

日本企業の強みは，耐震性に優れた管路設計・建設，高度な診断技術，および高度IT利用による上下水道施設総合管理システムなどである。また，異文化に対する調和力が高く，組織力を重視する日本企業連合は，独自のきめ細やかな研修プログラムや異文化交流プログラムを開発して提供している。それらは，もともとは日本国内で外国人労働者を受け入れるために開発されたものであるが，英語をはじめアジア各国言語に翻訳され，現地に導入されている。地元採用社員との軋轢もきわめて少ない。自己主張し目立たなければ認められない欧米企業文化と異なり，「礼節と他者への配慮」そして「組織とチームワーク重視」の経営であり，現地政府や現地パートナー企業からの評判もよい。さらに，台風や地震などの自然災害を想定したトレーニングにおいても，シミュレーターを開発するなどして活用している。シミュレーターの原型は，欧米企業が開発したものであるが，日本企業は独自の経験をもとに，さらに高度，精緻化したモデルを開発している。わが国の高い3D技術やアニメーション技術も一役買っている。欧米系「水メジャー」企業と比べても，国際競争力は十分に高い。日本は，相変わらず

世界でもっとも漏水率が低い国の一つであることは変わりないが，それをもって「日本の技術は世界一」と報道するメディアもなくなった。いまや，日本は「経営効率が世界一」なのである。

2010年に約70億人であった世界の人口は，2040年には90億人を超えようとしている。とりわけ人口増大が著しいアフリカ地域における水不足は深刻である。日本企業連合は得意とする膜処理による海水淡水化技術と下水再利用により，同地域の水問題にも取り組んでいる。日本国内およびアジア地域で培った高い技術力と効率的な事業運営ノウハウをもとに，アフリカ地域の水問題解決にも大きく貢献している。

―・―・―・―・―・―・―・―・―・―・―・―・―

以上が，まったくのフィクションではあるが，「世界に冠たる日本の上下水道」として，現時点で私自身が想い描く理想像（ビジョン）である。「30年後」としたのは，すでに巨大産業である上下水道産業には多くの既得権が発生していることや，わが国の国民性として急激な変化を好まないことなどを勘案したためである。実際は，第3章で述べた新規ライバル国の取組みのスピードなどをみると，今後，5～10年，つまり2015～2020年頃までには，グローバル水ビジネス市場競争の趨勢は決するのではないかとみている。

現在，官，公，民の連携による海外水ビジネス展開が始まっているが，今後，短期的にはこうした活動をさらに強化することで，数年後の海外ビジネス受注も視野に入ってくることが期待される。しかし，その先5～10年後には，欧米水メジャーや韓国，シンガポールの企業など，自国内における強固な経営基盤と国策を背景にしたグローバル企業との本格的競争が待ち受けていることになろう。わが国水道産業にも，それに向けた戦略とビジョンが必要である。

さて，再び本書冒頭で述べた，カマスの話に戻る。

日本のカマスは，およそ皆真面目で勤勉である。仕切りの左右で泳いでいるカマスは，ともに世界一のカマスになり得るカマスである。しかし，実際にそうなるためには，水槽内のルールや仕組み，デザインをもう一度見直す必要があるのではないか。潮流に乗るものは繁栄し，潮流に逆らう者は衰退することは世の掟である。世界の潮流に乗るか，世界の潮流から離れ「ガラパゴス化」への道を辿

るか。はたまた世界の潮流を生み出すか。今，上下水道事業は岐路にたっている。

　最後に，前著『水ビジネスの現状と展望』同様，再び出版の機会を与えていただいた丸善出版株式会社および丁寧に原稿をチェックされ，サポートしてくださった同社企画・編集部の中村俊司さんに御礼申し上げる。また，著者が途上国の開発支援を実施するうえで，お世話になっている株式会社ソーワコンサルタントの福田文雄社長に深謝申し上げる。スペインに関する情報提供をいただいたスペイン大使館のアナリスト内田瑞穂さん，マレーシア，タイなどの情報収集にリサーチャーとして協力してもらった神戸大学の清水智也君にも御礼申し上げる。エンビズテックをご支援いただいている皆様にも感謝申し上げる。そして，いつも陰ながら応援してくれている両親ならびに家族にもこの場をかりてお礼を申し上げたい。

　なお，本書で述べた見解は，著者個人のものであり，著者が所属する組織，団体に責があるものでないことを申し添える。浅学ゆえの誤りがあれば，ご指摘，ご批判いただければ幸いである。

　わが国の水ビジネスが今後さらに大きく発展することを願い，「パーソナル・コンピューターの父」ともよばれる米国の科学者，アラン・ケイ氏の有名な言葉を締めくくりとしたい。

　　　　未来を予測する最善の方法は，それを創り出すことだ
　　　　The best way to predict the future is to invent it.

和文索引

◆―あ行

アイオニクス	8
アクアリア	52
アグバル・グループ	51
アンタイド	122
イギリス	
――と日本の水道料金の内々価格差	23
――における事業主体と規制主体の分離	100
――の上下水道民間会社	20
――の上下水道料金	24
――の水ビジネス戦略	15
イースト・ウォーター（タイ）	140
一体発注	81
インダー・ウォーター・コンソーシアム	133
インドネシア	143
――水道PPP	148
――水道PPP事例	151
――における飲料水，衛生施設	146
――の水・環境政策	144
――の水ビジネス	150
――の水ビジネスの今後の重要課題	151
飲料水検査局（イギリス）	28, 99
ヴィヴェンディ	35
ヴェオリア・ウォーター	35
――の売上・営業利益構成	38
――の事業展開	36
――の収益構造	38
――の地域ポートフォリオ	39
ウォーター・ペイズ・フォー・ウォーター	43
エブロ水輸送計画	50
円借款	116
オスモニクス	8
オフワット→OFWAT	

◆―か行

外資規制	47
――制度	49
海水淡水化	61, 75
――技術の分類	76
開発援助委員会	117
環境施設管理会社（韓国）	77
環境保護法（ベトナム）	161
韓国の水ビジネス戦略	72
韓国環境省	72
韓国水資源公社	73
環太平洋経済協力	128
カンパニー・ジェネラル・デゾー	34, 35
官民パートナーシップ→PPP	

企業再生ファンド	105	各国の——事業の形態・	
規模の経済	16	ポジショニング	110
逆浸透法	76	日本の——事業の民営化	107
キャパシティ・ビルディング	125	日本の——業界の構造	102
ギャラクシー・ニュー・		日本の——事業の民営化	107
スプリング	107	日本の——事業の民営化の懸念	110
業務指標	31	民営化後の——料金	110
		消費者委員会（イギリス）	29, 100
グルノーブル市の贈賄事件	40	蒸留法	75
グローバル・ハイドロ・ハブ構想	65	シンガポール	57
		——と東京の水道料金比較	65
経済的漏水レベル	31	——と横浜の事業経営比較	66
下水道事業数（日本）	97	——の水道料金	61
ケッペル・コーポレーション	71	——の水ビジネス戦略	59, 65
		シング・スプリング	67
公益事業庁（シンガポール）	59		
国連人間環境会議	2	水　道	
国連水会議	3	日本の——分野の専門家派遣状況	124
国家上下水道事業委員会		日本の——事業数	97
（マレーシア）	132	水道開発支援庁	
国家水理計画（スペイン）	50	（インドネシア）	100, 148
		水道事業ガイドライン	98
◆——さ行		水道法改正	82
		水道民営化支援	5
サパン法	45	スエズ・エンバイロメント	34, 43, 44
産業競争力懇談会	11	——の事業展開	45
		スペインの水ビジネス戦略	48
ジェネラル・エンバイロメント・			
コンサベーション	142	性能発注	80
市場化テスト法施行	83	政府開発援助→ODA	
指定管理者制度	83	世界水会議	4
資本移動自由化コード	47	世界水ビジョン	2
シーメンスの水ビジネス戦略	54	世界水フォーラム	4
ジャカルタの水道民営化	148	ゼネラル・エレクトリックの	
ジャカルタ市水道公社	148	水ビジネス戦略	54
ジャカルタ水道供給規制機関	149	ゼノン・エンバイロメント	8
ジャパン・ウォーター	9	セムコープ・インダストリーズ	71
首都圏水道公社（タイ）	139, 141		
上下水道サービス規制局		ソー	35
（イギリス）	99	——の事業展開	37
上下水道		ソシエテ・リヨネーズ・デゾー	34

◆─た行

第三者委託制度	82
第三者評価	96
タイ・タップウォーター・サプライ	9, 142
タイド	122
タイ	136
──の水・環境政策	138
──の水ビジネス	141
──の水ビジネスの今後の重要課題	142
多国間援助	116
多重効用法	76
多段フラッシュ法	76
ダブリン原則	3
地球サミット	4
地方公務員派遣法	89
地方財政健全化法	86
地方自治体	
──水道事業の海外展開スキーム	92
──水道事業の海外事業進出の問題点	88
──の存在意義	93
地方水道公社（タイ）	139, 141
チーム水・日本	9
通過金融法典	47
テムズ・ウォーター	17
斗山重工業	73
──の経営状況	74

◆─な行，は行

内々価格差	
イギリスと日本の水道料金の──	23
日本における水道料金の──	85
能力開発	125
バイ・アウト・ファンド	105
ハイフラックス	67
──の業績推移	69
パリ市の水道給水サービス	42
バルニエ法	46
範囲の経済	16
フィリピン	152
──の飲料水，衛生施設	156
──の上下水道事業運営	155
──の水・環境政策	153
──の水ビジネス	155
──の水ビジネスの今後の重要課題	157
──の水道事業者別給水人口	156
プライス・キャップ方式	22
プライベート・ファイナンス・イニシアティブ	1, 80
プライベート・エクイティ・ファンド	105
フランスガス公社	44
フランス	
──国内の寡占化の弊害	40
──の外資規制	47
──の上下水道料金	41
──の水ビジネス戦略	33
ベトナム	158
──の飲料水，衛生施設	159
──の上下水道普及状況	159
──の水・環境政策	160
──の水ビジネス	162
──の水ビジネスの今後の重要課題	162
ベンチマーキング	97
ベンチャー・ファンド	105
包括的民間委託方式	81
本邦技術活用条件	123

◆──ま行

マニラ・ウォーター	155
マニラ首都圏上下水道民営化	156
マレーシア	131
──の飲料水，衛生施設	135
──の上下水道事業者	133
──の水・環境政策	132
──の水ビジネス	134
──の水ビジネスの今後の重要課題	135
水 ing	107
水産業育成戦略（韓国）	72
水資源危機法（フィリピン）	155
水資源法（ベトナム）	161
水資源問題	3, 4
水ストレス	3
水と衛生分野	
──における DAC 諸国の援助実績	119
──の ODA	117
日本の──における ODA 援助実績	121
日本の──におけるタイド・アンタイド比率	122
水と環境に関する国際会議	3
水ビジネス	
──のグローバル展開	8
世界の──の市場規模	10
水ビジネス戦略	
イギリスの──	15
韓国の──	72
シーメンスの──	54
スペインの──	48
ゼネラル・エレクトリックの──	54
巨大グローバル企業の──	53
シンガポールの──	57
日本の──	79
フランスの──	33
無償資金協力	115
メタ・ウォーター	107

◆──や行～わ行

ヤード・スティック方式	22
有収率	31
有償資金協力	116
ユナイテッド・ユーティリティーズ	17
ユナイテッド・ユーティリティーズ・オーストラリア	29, 107
四つの蛇口戦略	59
漏水削減	26
漏水率	31
──信仰	99
ワイエルティ・コーポレーション	135

欧文索引

AETRA	150
AGUA	50
BPPSPAM	100, 148, 150
CCWater	29
COCN	11
DAC	117
DWI	28, 99
EFMC	77
ELL	31
FCC グループ	52
Four National Tap	59
GDF	44
──スエズ	44
GDP（各国の）	130
IWK	133
JWSRB	149
JWWA Q100	98
K‐Water	73
M&A	104
今後日本の──	106
日本の──の推移	105
MED	76
MSF	76
MWA	139, 141
NEWater	60
ODA	115
──技術協力	89, 115
──の形態別分類	116
DAC 諸国の──援助実績	117
DAC 諸国の──形態別内訳	118
水と衛生分野の──	117
水と衛生分野の DAC 諸国の ──援助実績	119
OECD 資本自由化コード	18
OECD 多国籍企業行動指針	18
OFWAT	19, 25, 26, 32, 100
PAAB	133
PALYJA	149
PAM JAYA	148
PAMSIMS プログラム	146
PDAM	146
──の財政状況	150
PFI	1, 80
PI	31
PNCA	50
PNMR	50
PPP	1
──により実施された上下水道プロジェクト	7
PT PAM Lyonnaise Jaya	149
PT Thames Pam Jaya	149
PTAetra Air Jakarta	150
PUB	59
──の事業経営データ	62
PWA	139, 141
SAJ ホールディング	134
SPAN	132
STEP	123
TPJ	149
TPP	128
TTW	142
UF フィルター	8

WAMCo	133	WWC	4
water pays for water	43	YLT Corporation Berhad	135
WMA	141		

著者略歴
1961年生れ．ペンシルバニア大学ウォートン校経営学修士（MBA）取得，横浜国立大学大学院工学研究科化学工学専攻修士課程修了．日本鋼管（現JFE），日本総合研究所，NTTデータ経営研究所を経て，2004〜2009年の6年間，ヴェオリア・ウォーター・ジャパンに勤務．その間，事業開発本部長，営業本部副本部長，グループ会社代表取締役などを務め，事業戦略，M&A，上下水道事業経営分析・提案活動などに従事．

現在は，(株)ソーワコンサルタントにおいて途上国の開発支援に従事する傍ら，(株)エンビズテック代表として，環境ビジネス戦略コンサルティング，政策提言，著述活動なども行う．

著書に『水ビジネスの現状と展望—水メジャーの戦略・日本としての課題』丸善（2010），『リサイクルの知識（共著）』日本経済新聞社（1997）がある．

エンビズテックHP　http://www.envbiztech.com

水ビジネスの戦略とビジョン—日本の進むべき道

平成23年4月25日　発行

著作者　　服　部　聡　之

発行者　　吉　田　明　彦

発行所　　丸善出版株式会社

〒140-0002　東京都品川区東品川四丁目13番14号
編集：電話（03）6367-6039／FAX（03）6367-6156
営業：電話（03）6367-6038／FAX（03）6367-6158
http://pub.maruzen.co.jp/

Ⓒ Toshiyuki Hattori, 2011

組版印刷・製本／藤原印刷株式会社

ISBN 978-4-621-08357-4　C 0034　　　　Printed in Japan

JCOPY 〈(社)出版者著作権管理機構　委託出版物〉
本書の無断複写は著作権法上での例外を除き禁じられています．複写される場合は，そのつど事前に，(社)出版者著作権管理機構（電話03-3513-6969，FAX 03-3513-6979，e-mail：info@jcopy.or.jp）の許諾を得てください．